国家重点研发项目（2021YFB2600200）
南京水利科学研究院专著出版基金   联合资助

长江经济带

化工园区水生态文明建设实践

——以泰兴经济开发区为例

王永平 著

中国环境出版集团·北京

图书在版编目（CIP）数据

长江经济带化工园区水生态文明建设实践：以泰兴经济
开发区为例 / 王永平著. —北京：中国环境出版集团，
2023.9
ISBN 978-7-5111-5584-9

Ⅰ．①长…　Ⅱ．①王…　Ⅲ．①化学工业—工业园区—
水环境—生态环境建设—研究—泰兴　Ⅳ．①X143

中国国家版本馆 CIP 数据核字（2023）第 159343 号

出 版 人　武德凯
责任编辑　张　颖
封面设计　岳　帅

出版发行　中国环境出版集团
　　　　　（100062　北京市东城区广渠门内大街 16 号）
　　　　　网　　址：http://www.cesp.com.cn
　　　　　电子邮箱：bjgl@cesp.com.cn
　　　　　联系电话：010-67112765（编辑管理部）
　　　　　发行热线：010-67125803，010-67113405（传真）
印　　刷　北京鑫益晖印刷有限公司
经　　销　各地新华书店
版　　次　2023 年 9 月第 1 版
印　　次　2023 年 9 月第 1 次印刷
开　　本　787×960　1/16
印　　张　13.5
字　　数　219 千字
定　　价　72.00 元

中国环境出版集团郑重承诺：
中国环境出版集团合作的印刷单位、材料单位均具有中国环境标志产品认证。

本书编著委员会

主　编

王永平

编写人员

曹大伟　　陈世翔　　丁宇诚　　姬昌辉　　李　欢

鲁　威　　申　霞　　沈冬亮　　王新春　　王忠进

谢瑞阳　　振杨帆　　于　剑　　杨　勇

前　言

　　2012 年 11 月，党的十八大从新的历史起点出发，做出"大力推进生态文明建设"的重大决策。生态环境保护是造福人民、泽被后世的一项重要任务，绿色增长是高质量发展中浓墨重彩的一笔，也是流域经济高质量发展的大前提。生态环境保护和经济发展是辩证统一、相辅相成的，建设生态文明、推动绿色低碳循环发展，不仅可以满足人民日益增长的优美生态环境需要，而且可以推动实现更高质量、更有效率、更加公平、更可持续、更为安全的发展，走出一条生产发展、生活富裕、生态良好的文明发展道路。

　　推动长江经济带发展是党中央做出的重大决策，是关系国家发展全局的重大战略。2020 年 11 月，习近平总书记在全面推动长江经济带发展座谈会上强调，坚定不移贯彻新发展理念，推动长江经济带高质量发展。同时，使长江经济带成为我国生态优先绿色发展主战场、畅通国内国际双循环主动脉、引领经济高质量发展主力军。《中华人民共和国国民经济和社会发展第十四个五年规划和 2035 年远景目标纲要》提出，全面推动长江经济带发展，协同推动生态环境保护和经济发展。2021 年 3 月 1 日，我国第一部流域法——《中华人民共和国长江保护法》开始正式施行。长江保护法针对长江特点和存在的突出问题，采取特别的制度措施，为推动长江经济带高质量发展提供有力法治保障、筑牢绿色发展根基，本法的施行标志着长江大保护进入依法保护的新阶段。

　　长江经济带以 21.5% 的国土面积，聚集了全国 43% 的人口、创造了全国 40% 以上的生产总值，已成为我国最强劲、活跃的经济增长带。长江经济带化工园区是我国石化产品、化肥、农药、涂料和无机化工原料重要的生产基地，在全国化工园区中占有举足轻重的地位。根据国家统计局 2015 年的数据，长江经济带规模以上化工企业数量为 12 158 家，占全国化工企业的 46%；化工行业产值为 47 260 亿元，占全国化工行业产值的 41%。长江经济带率先践行"绿水青山就是金山银山"的理念，牢固树立保护生态环境就是保护生产力、改善生态环境就是发展生产力的理念，这有利于带动全国经济的高质量发展。经济发展与生态环境保护协调统一，正确把握生态环境保护和经济发展的关系，由传统的要素驱动转向创新驱动，探索协同推进生态优先和绿色发展新路径。

随着区域经济的不断发展，长江经济带发展和生态环境保护之间的矛盾日益尖锐，生态环境保护面临着巨大的挑战，特别是水资源供需失衡和水体污染等问题逐渐成为区域经济社会发展的"瓶颈"。因此，在位于长江下游的长江三角洲发达地区典型化工园区开展生态文明建设实践，统筹考虑水环境、水生态和水资源，实现"以园养水、以水促园"，具有较强的实践意义和参考价值。

目 录 ■ ▭

第一章

泰兴经济开发区简介

　　泰兴经济开发区始建于 1991 年，是江苏省首批 13 家省级开发区之一，也是全国最早的专业性精细化工园区之一，和滨江镇实行区镇合一的管理模式；规划开发面积 59.8 km²，其中化工园区面积 25.7 km²，位于长江三角洲地理中心，可实现上海、南京 2 h 通达，地理位置优越、交通运输便捷、综合实力雄厚、产业特色鲜明、基础配套完善，是国内外企业竞相投资的热土；先后荣获"国家火炬计划泰兴精细与专用化学品产业基地""全球精细化工产业集群合作基地""中国产学研合作创新示范基地""国家知识产权试点园区""国家循环化改造重点支持园区""全国产业集群区域品牌建设精细化工产业试点园区""国家新型工业化产业示范基地""国家外贸转型升级基地""中国智慧化工园区试点示范单位"等称号。

　　综合竞争实力雄厚。泰兴经济开发区始终坚持高端化、精细化、循环化、绿色化、国际化发展方向，聚焦"创新转型、绿色发展、能级提升"三大主题，坚定不移实施"港产城"一体化发展战略，加快建设现代产业园区，保持经济"稳中快进"发展态势。综合实力不断攀升，连续 6 年荣获泰州市"省级以上开发区综合考核一等奖"，连续 9 年进入全国化工园区前十强，2020 年排名跃升至第 5 位。

　　产业集群特色鲜明。产业发展基础坚实，上下游配套齐全，核心竞争优势明显。泰兴经济开发区加快建设以精细化工为支撑、以新材料和健康美丽（医药、日化）为主导、以现代服务为保障，自主可控、特色鲜明的"1+2+X"现代产业体系。建成包括氯碱、油脂、烯烃、医药、日化等产业在内的产业链集群，形成"规模企业集聚、优势产品集中、主导产业集群"的发展格局，化工产业关联度达66%，精细化率达52%。加强与世界级优秀园区的合作，入驻来自20多个国家和地区的企业120多家，其中世界500强企业有19家，拥有氯乙烯、酞菁颜料、聚丙烯酰胺、锂电池电解液添加剂等17个世界"单打冠军"产品，烧碱、苯乙烯、丙烯酸、聚氯乙烯（PVC）等产品在国际上占有较大市场份额。

功能配套集成高效。泰兴经济开发区整体获得环境管理、质量安全、职业健康安全、社会责任四大体系认证，政务商务环境更加开放、环保、健康、安全。拥有一类口岸——泰兴港，可全天候通航15万吨级海轮，是国内设施最完善、功能最齐全的化工产品进出口基地。水利、电力、道路、天然气和蒸汽供应系统、管廊、通信等基础设施，以及商检、海事、边防、教育、医疗、商贸等服务配套一应俱全。济川健康特色小镇、行政商务中心、产业创新中心、精细化工产业研究院、科技企业孵化器及加速器、企业技术教育中心、化工科普馆、产品展示中心、江苏省化工人才交易市场、人才公寓等公共服务平台高标准规划建设。实行封闭式、智慧化、信息化、集成化管理，特勤消防站、应急救援指挥中心、生态涵养区、污水处理系统、"天地一体化"环境监测体系建成投运，"三废"①处置实现无害化、资源化。营商环境一流，实行"一站式"高效审批、"一条龙"亲情服务。

当前和今后两个阶段，泰兴经济开发区将以习近平新时代中国特色社会主义思想为指引，全面贯彻党的二十大和十九届二中、三中、四中全会以及中央经济工作会议精神，推进落实省市委决策部署，坚持新发展理念，大兴实干之风，强化"扛起标杆大旗、拼进全省八强"的责任担当，筑牢高质量特色发展的硬核优势，在追赶超越中奋力谱写长江经济带化工园区高质量发展的新时代篇章。

---

① "三废"即工业废水、工业废气和固体废物。

第二章

相关政策与规划

一、江苏省地表水（环境）功能区划

（1）空气环境功能区划

项目所在区域执行《环境空气质量标准》（GB 3095—2012）二类环境空气功能区标准。

（2）地表水环境功能区划

项目所在区域的地表水主要是通江河、如泰运河和长江干流。其中，长江干流执行《地表水环境质量标准》（GB 3838—2002）Ⅱ类地表水标准，通江河和如泰运河执行Ⅲ类地表水标准。

（3）声环境功能区划

项目所在区域声环境执行《声环境质量标准》（GB 3096—2008）3类声环境功能区标准。

二、泰兴市"十三五"发展规划

按照《泰兴市国民经济和社会发展第十三个五年规划纲要》，重点开发滨江镇和培育"一区四园"，着力把泰兴市打造成具有较强国际国内竞争力的新型工业化基地、重要的综合交通枢纽，加快农村居民点整合，推进落实集中居住，减少农村居住空间。

"十三五"期间，泰兴经济开发区着力打造生态园区，把循环经济的"减量化、再利用、资源化"贯穿产业发展全过程，并大力发展具有节能环保等特点的战略性新兴产业，实现基础化工产业向化工新材料产业、化工产业向非化工产业的两大转型，使园区内的产业发展与资源环境相协调，发展速度与环境容量相适应，实现经济效益、社会效益和环境效益有机统一。着力打造千亿园区，扎实推进"二次创业"，促进产业转型升级，逐步向国家级开发区方向迈进。

三、泰兴市城市总体规划（2012—2030 年）

（1）城市性质

泰兴市城市性质的定位：以现代制造业为主导的新兴滨江工贸城市。近几年泰兴市的发展没有脱离这个定位，始终稳固工业、港口的主导发展地位，公共服务和基础设施也积极配合产业的发展。同时，泰兴经济开发区的总体规划已经编制完成。

（2）人口规模

泰兴市城市总体规划（2012—2030 年）中对人口规模的预测：近期达 32 万人，2020 年达 45 万人。

（3）用地规模

泰兴市 2010 年规划城市建设用地按 37 km² 控制，2020 年按 53.1 km² 控制。

（4）空间结构

泰兴市城市空间布局与结构形态：泰兴城区将按照"完善旧区、发展新区、连接滨江工业组团"的方向发展，规划城市形态为组团式，形成"东城西区、拥河相生"的城市总体格局。

• 东城——泰兴中心城区，以房地产业、商贸产业等第三产业为主，并发展一二类工业。

• 西区——滨江工业组团，作为泰兴城区的有机组成部分，以发展精细化工为主，主要承担生产职能（东城与西区之间以宽约 3 km 的生态绿地相隔，以快速道路相联系，共同形成泰兴市城市有机联系的组团）。

• 拥河相生——中心城区南北以如泰运河为界，形成规模大致相当的两部分。"拥河"表示未来城市南北并重的发展格局，"生"表示城市是建立在自然基底之上的，既体现了城市与自然共生的指导思想，又表明如泰运河是城市的一条重要发展轴。

（5）用地布局

各类用地布局规划：城市形成"两区、两心、三廊、八片"的布局结构。

• "两区"——中心城区和滨江工业组团。

• "两心"——旧区中心、新城中心。

• "三廊"——如泰运河绿化景观廊道、两泰官河—羌溪河绿化景观廊道、中心城区与滨江工业组团之间的生态隔离廊道。

• "八片"——城中片区、城西片区、城东片区、城北片区、城南片区、城区科技工业园区、城东北工业园、滨江工业组团。

四、泰兴市环境保护"十三五"专项规划

加快污水处理厂及其配套污水管网建设，确保污水管网与污水处理厂同步建设，确保污水处理工艺与废水性质相适应，确保接管废水满足接管标准要求，鼓励有条件的开发区和企业建设中水回用系统。加强各类开发区、工业园区环境基础设施建设，开发区须配备完善的污水处理、集中供热、固体废物储存等环境基础设施，做到环境基础设施先行，进一步强化工业园区环境监测监管体系、环境风险防范体系建设，提升工业园区环境管理水平。

五、《泰兴市城市水环境治理规划（2014—2030）》

坚持可持续发展战略，保护水生态，优化水资源，建设水景观，挖掘水文化，保证水安全，发展水经济，实现水清、水活、水美的滨水景观，打造城在水中、水在绿中、绿在景中的城市水环境，再现运河、内城河历史文脉，实现宜居城市的发展目标。近期，中心城区内沟通水系，整治河道，建设如泰运河、羌溪河景

观风光带，加强水污染防治和城市污水处理，城市河道水质达到或优于Ⅳ类地表水标准。远期，继续加强水污染防治和城市污水处理、河道整治以及河道景观建设，改善城市河道的水环境质量，形成良性水生态系统。具体有以下 5 个方面的目标。

（1）河道布局目标

统筹中心城区河道水系布局，调整、沟通、盘活水系，消除断头河和盲沟、清淤河道，提高河道建设标准。

（2）河道水质目标

合理调度，科学引水，确保城区内流域性河道（主要有如泰运河城区段、两泰官河城区段、羌溪河城区段）水质近期达到Ⅳ类地表水标准，远期达到Ⅲ类地表水标准；城区主要内河水质标准近期目标均为Ⅳ类地表水标准，远期优于Ⅳ类地表水标准。

（3）水污染综合整治目标

2020 年泰兴城区污水处理率达 90%，污水集中处理率 85%；2030 年泰兴城区污水处理率达 95%，污水集中处理率 90%；工业企业水污染源得到有效控制。

（4）防洪排涝目标

远期中心城区防洪标准为 50 年一遇，河道排涝标准为 20 年一遇，中心城区防洪除涝达标率 100%；远期城市防洪标准为 50 年一遇，河道排涝标准为 20 年一遇。

（5）生态景观目标

通过岸线整治和滨河绿地的建设，构建适宜的人居环境。增强河道水体自净能力，营造环境优美的水生态环境。

六、《泰兴市沿江一体化开发总体规划（2014—2020）》

发展定位：长江下游重要的航运物流港口；长江三角洲北翼先进制造业基地；沿江港口产城一体化发展示范区。

空间布局：根据泰兴市沿江地区空间开发基础和适宜条件，构建"一城一港三区"的总体空间格局，明确空间开发与保护重点，以空间开发模式转型促经济发展方式转型，通过空间功能分工促城市、产业、港口、生态四位一体，夯实一体化的空间基础。"一城"指泰兴中心城区，是泰兴市人口集聚的核心区，主要承担居住和生产生活服务等功能。"一港"指泰兴港区，主要包括过船、七圩和天星洲 3 个港口作业区，是承载港口服务和航运物流业发展的核心空间。"三区"指沿江制造业、农业生态、配套服务 3 个功能区。

七、《江苏泰兴经济开发区总体规划（2004—2020）》

城市性质：泰兴经济开发区是以工业为主导，兼顾居住、金融、娱乐、休闲等多种功能综合配套发展，旅游文化事业发达且具有良好生态环境的现代化城市工业园区。

人口规模：人口规模的预测为 2020 年达到 8 万人。

用地规模：2020 年建设用地规模按 38.3 km^2 控制。

用地布局：泰兴经济开发区的总体布局结构可以概括为"一心、两环、三轴、三片、三点"。"一心"为泰兴经济开发区的行政商务中心，即如泰运河以南，地块东部，一类工业的中心地带。"两环"为沿江道路和阳江西一路、澄江西一路及泰常公路形成的一个外环，它是泰兴经济开发区对外联系的主要道路；沿江道路与紧邻澄江西一路、阳江西一路、常泰公路内侧的道路形成的内环，使泰兴经济开发区的内部有一个独立的交通系统。"三轴"为位于地块中部将一类工业区、二类工业区和三类工业区分开的两条轴线，它们也是泰兴经济开发区由南向北的可持续发展轴；沿如泰运河形成整个区域的主要景观发展轴线。"三片"为由南北向两条轴线将泰兴经济开发区划分出的 3 个大片区。"三点"为在三类工业区中的 3 个居民生活点，它减轻了整个行政中心的居住生活负担。

八、《江苏省泰兴经济开发区发展总体规划（2015—2030）》

泰兴经济开发区的功能定位：长江三角洲北翼区域性物流基地之一，以高新技术产业为先导，以现代制造业为支撑，具有良好生态环境的城市产业创新区。

发展目标和策略有以下 3 个方面。

- 目标一：提升经济实力，打造产业品牌

巩固包括化工等产业的优势产业集群的发展，延伸产业链；加快引进高新技术产业，建立自己的研发中心，提高高附加值产业对经济发展的贡献；利用物流园区的导入契机，推进物流业与相关工业贸易规模化、专业化和国际化发展。

- 目标二：提高服务实力，打造人居品牌

完善本地居民的服务体系；拓展外来人口的服务层面；配合现代服务业发展。

- 目标三：提高环境实力，打造形象品牌

利用水网条件，打造水环境特色风貌；做足如泰运河的文章，强调历史文化底蕴；加强景观系统建设，树立标志性形象；完善绿地系统，打造绿色形象；提高人口素质，打造市民形象。

要充分利用泰兴经济开发区内河道纵横、小河水塘星零散落的优势，整理水网并对部分水系进行治理，将水环境质量良好的河道释放出来，配合规划布局创造水环境特色风貌。利用水网、路网串联各个景观区，形成系统的景观路径，并在重点地段结合城市用地布局建设景观节点，树立泰兴经济开发区建设的标志性形象，形成"点—线—面"相结合的完整景观系统。同时，通过水系绿化带、道路绿化带、隔离绿带等线性绿地把城市节点串联起来，并配合公共绿地和生态绿地构筑有以"水网、路网、绿网"为框架的大型绿地分布其间的城市景观系统。其中，泰兴经济开发区实行集中供热和污水、固体废物集中处理，主要基础设施规划如下：

（1）给排水

- 给水

生活用水由现有的泰兴自来水厂供给；工业用水由位于泰兴经济开发区西侧现有的精细化工园区开发区水厂供给。供水管线基本沿道路敷设，形成环状与枝状相结合的供水管网，供水干管 DN300-500 [①]。

- 排水

排水系统采用雨水、污水完全分流的排水体制，严格遵循雨污分流、清浊分流的原则，充分利用地形、水系进行合理分区，根据分散和直接的原则，保证雨

---

① DN 为管径。

水管道以最短路线、较小管径把雨水就近排入附近水体。雨水管道沿规划道路敷设，雨水尽可能采用自流方式排放，避免设置雨水泵站。

在各主、次干道上布置雨水管网。现状合流管充分利用；近期改成采用截流式合流排水体制，截流污水；远期建成雨污分流排水体制。

泰兴经济开发区现有 1 座污水处理有限公司，目前处理规模为 11 万 m³/d。

（2）供热

以新浦热电厂和泰兴卡万塔沿江热电有限公司作为本区集中供热热源。新浦热电厂远期规划供热量增至 600 t/h，泰兴卡万塔沿江热电有限公司远期规划供热量增至 500 t/h。

热力管道主要沿河、沿次干道采用低支墩架空敷设，为保证美观和交通顺畅，沿主要道路及过路热力管道埋地敷设。

热力管道设在道路地下位置，东西走向位于路南侧，南北走向位于路东侧，尽可能在主要污水管道异侧。

（3）道路

规划区道路网络包括快速路、主干路、次干路和支路 4 个等级道路。

（4）环境卫生及固体废物处理

要求各企业生活垃圾全部袋装化，生活垃圾实行分类袋装，建设垃圾收集房，发展垃圾压缩运输。生活垃圾转运站设置，当采用非机动车收运方式时，服务半径为 0.4～1.0 km；当采用小型机动车收运方式时，服务半径为 2.0～4.0 km。

（5）公共管廊

在泰兴经济开发区主要道路旁统一建设公共管廊架，用于各产业链企业之间、各企业与公用工程及辅助工程之间、公用工程之间的连接，输送蒸汽、工业气体、液体化工物料、污废水，建设电力电缆、通信电缆等。泰兴经济开发区规划设蒸汽、氮气、氢气、烧碱、液氨、油脂及污废水管网。

（6）消防系统

消防站布局以接到报警 5 min 到达消防责任区边缘为准则。每个消防站的责任区面积为 4～7 km²，根据责任区用地性质、建筑物疏密、人口疏密确定消防站责任区面积。规划区内设置消防站 1 座，位于澄江西一路、滨江中路交叉口东南处，占地面积为 2 500 m²。

第三章

自然条件

一、水文与气象

（1）流域概况

泰州市以老 328 国道、312 省道分别为北、南控制线，将城市水系分成里下河圩区、通南高沙土区、沿江圩区 3 个水位不同的区块，形成"三区五湖、四纵八横"的骨干水系框架。

一级河道有 12 条，分别为泰州引江河（含送水河）、卤汀河、南官河、泰东河、凤城河、凤凰河、两泰官河—南干河—西干河—红旗河—苏陈河线、新通扬运河、老通扬运河、周山河、宣堡港、古马干河，规划范围内长度计 192.31 km，其中泰州引江河、新通扬运河、卤汀河、泰东河均为流域性骨干河道。

二级河道有 15 条，分别为西冯河、杨庄河、麒麟大河、社道河、老东河、九里桥河、永丰河—周梓中沟—张马中沟—田河中沟—团结中沟线、太平河、小港河、鸭子河、乐园河、许庄河、蔡圩河、赵泰支港南段、文胜河，规划范围内长度计 140.87 km。

三级河道有 16 条，分别为盐河、苏红河、岸庄河、军民河、九里沟、扬子港、翻身河、大冯河（含跃进河）、大寨河（海陵区）、大寨河（九龙）、向阳河、孔庄河、中心港、穿心港（北）、穿心港（南）、赵泰支港北段，规划范围内长度计 96.98 km。

其余均为四级河道，规划范围内长度计 600.99 km，一～四级河道长度共计 1 031.15 km。

项目所在地属长江水系，泰兴市各通江支流均由节制闸调节水位，水流流向和流速受节制闸控制。泰兴市骨干河道位置见图3.1-1。

图 3.1-1 泰兴市骨干河道位置

如泰运河：由过船港、老龙河、分黄河 3 条河流改造、拓浚连接而成。西至江口，东至如泰界河的沈巷，全长 44.33 km。过船港段由江口至泰兴城区，长 10 km，历史上系泰兴通江八大港之一，沿线弯道多，底宽 10～30 m，底高 –1 m。

段港河：长 8.2 km，底宽 4～5 m，河底高程 1 m，口宽 20 m。

洋思港：长 9 km，底宽 3～5 m，河底高程 0 m，口宽 30 m。

天星港：长 33.73 km，河口阔 45～50 m，底宽 8～15 m，底高 –1.5～–0.5 m，为沿港两侧农田的灌溉、水上运输奠定了基础。

焦土港：长 36.23 km，河口阔 40～55 m，底宽 5～15 m，底高 –1.0～–0.5 m，为沿港农田的灌溉提供了良好条件。

江苏省泰兴经济开发区骨干河道基本情况见表 3.1-1。

表 3.1-1   江苏省泰兴经济开发区骨干河道基本情况

序号	河道名称	起点	止点	长度/km	底宽/m	河底高程/m	边坡	口宽/m	设计流量/(m^3/s)	平均堤顶标高/m
1	龙稍港	沿江高级公路	护场河	2.00	16.0	1.0	1∶1.0	28.0	13.9	4.0
2	蒋港	仁寿村凌埠组	护场河	2.10	7.0	1.0	1∶1.0	15.0	6.2	3.8
3	团结河	沿江高级公路	长江	4.50	11.0	1.0	1∶2.0	25.0	9.5	3.7
4	通江河	沿江高级公路	长江	5.00	13.0	1.0	1∶1.5	25.0	9.3	3.6
5	如泰运河	沿江高级公路	长江	5.50	50.0	−1.0	1∶1.5	80.0	104.7	4.8
6	丰产河	沿江高级公路	长江	5.70	8.0	1.0	1∶2.0	20.0	6.4	3.5
7	新段港	沿江高级公路	长江	5.70	12.0	1.0	1∶1.0	20.0	7.3	3.5
8	洋思港	沿江高级公路	长江	5.00	14.0	0.0	1∶1.5	30.0	22.3	4.1
9	芦坝港	胜利中沟	长江	2.60	9.5	1.0	1∶1.5	20.0	7.2	3.6
10	包家港	翻身村张井组	长江	4.70	9.0	1.0	1∶1.0	16.0	5.7	3.5
11	天星港	沿江高级公路	长江	5.00	25.0	−0.5	1∶1.5	50.0	53.8	4.8
12	大杨河	团结河	如泰运河	1.70	7.0	1.0	1∶1.0	15.0	5.4	3.6
13	杨元河	团结河	如泰运河	1.70	7.0	1.0	1∶1.0	15.0	6.9	4.0
14	红旗中沟	如泰运河	天星港	5.20	7.5	1.0	1∶1.0	15.0	5.5	3.6
15	翻身中沟	新段港	天星港	5.20	7.5	1.0	1∶1.0	15.0	6.3	3.8
16	胜利中沟	新段港	天星港	5.20	9.0	1.0	1∶1.0	17.0	6.4	3.6
17	滨江中沟	洋思港	334 省道	0.80	5.0	1.0	直立式边坡	15.0	5.6	3.8
18	友联中沟	滨江南路	胜利中沟	1.10	5.0	1.0	直立式边坡	16.0	7.4	4.2
19	沿江大河	团结河	新段港	3.90	9.0	1.0	1∶1.0	17.0	7.3	3.8
长度合计				72.60						

（2）气象

泰兴经济开发区地处北亚热带海洋性季风气候区，受季风环流势力影响，具有明显的海洋性、季风性气候特点。泰兴经济开发区四季分明，气候温和湿润，雨量充沛，无霜期长；常年年平均气温 15℃，历史最高气温 40.5℃（2017 年 7 月 24 日），最低气温 –12.5℃（1977 年 1 月 31 日）；常年年平均日照时数 1 997.6 h，占可照时数的 44%；常年年平均蒸发量 1 420.3 mm。该地区雨量充沛，常年年平均降水量 1 030.6 mm。每年 5—10 月为汛期，且为梅雨季节，雨汛同期。泰兴经济开发区处于季风带，春夏多为东南风，秋冬多为偏北风，常年主导风向为东南风、东风，常年年平均风速为 3.1 m/s。历年主要气象要素统计见表 3.1-2，各风向频率及平均风速见表 3.1-3。

表 3.1-2　项目所在地区气象特征统计资料

气象参数		数值
气压	常年年平均气压/Pa	101 610
气温	常年年平均气温/℃	15
	历史最高/最低气温/℃	40.5/ –12.5
相对湿度	常年年平均相对湿度/%	80
降水量	常年年平均降水量/mm	1 030.6
	历年最大/最小降水量/mm	1 449.4/462.1
	历年最大日降水量/mm	246.0
	历年平均降水日数/d	80～100
蒸发量	常年年平均蒸发量/mm	1 420.3
	常年最大年蒸发量/mm	1 574.6
日照	常年年平均日照时数/h	1 997.6
	常年年平均日照百分数/%	44
雷暴	常年年平均雷暴日数/d	28.9
	常年年最多雷暴日数/d	45
积雪	常年最大积雪深度/cm	16
风速	常年年平均风速/（m/s）	3.1
风向	常年全年主导风向	ESE
	常年夏季主导风向	ESE、SSE
	常年冬季主导风向	NNE、NNW

注：8 个方向，即东（E）、南（S）、西（W）、北（N）、东南（SE）、西南（SW）、西北（NW）、东北（NE）；ESE 等为上述 8 个方向的组合。下同。

表 3.1-3　各风向频率及平均风速

风向	N	NNE	NE	ENE	E	ESE	SE	SSE	S
频率/%	4	8	6	8	6	11	8	8	4
风速/(m/s)	3.5	3.9	3.4	3.8	3.7	4.1	4.0	4.0	2.9
风向	SSW	SW	WSW	W	WNW	NW	NNW	C	
频率/%	3	3	4	3	5	4	7	6	
风速/(m/s)	2.8	2.8	3.5	3.6	4.1	3.8	3.6	—	

注：C 表示静风。

（3）水文

1）地表水

a. 基本水文特征

该地区河流纵横，河道较平直，河底淤泥较薄。主要河流均呈东西走向，自北向南分别有如泰运河、洋思港和天星港，均属长江水系。

b. 长江水文特征

长江泰州段西起泰州新扬湾港，东至靖江市的长江农场，全长 97.36 km，沿江经过泰州港、过船港、泰兴经济开发区码头、七圩港、夹港、八圩港、九圩港、新港等较大码头，江面最宽处达 7 km，最窄处只有 1.5 km。

长江泰州段呈 NNW—SSE 走向，岸段顺直微凸。本江段距入海口约 200 km，距上游感潮界点大通水文站约 360 km，河川径流受潮汐影响，每日有 2 个高潮、2 个低潮，平均涨潮历时 3 h 50 min，落潮历时 8 h 35 min。由于距长江口较远，同时受径流和河床边界条件的影响，潮波进入长江口后发生变形，潮波变为前波陡、后波缓，涨潮历时自下游向上游逐渐缩短，落潮历时则相反，落潮历时大大超过涨潮历时，约为涨潮历时的 2.5 倍。日潮不等现象很明显，高潮不等尤为明显，低潮因受径流控制而两潮相差不大。据大通水文站资料，长江多年平均流量 29 600 m³/s，10 年一遇的枯流量 7 419 m³/s，历年最大流量 92 600 m³/s，历年最小流量 4 620 m³/s；多年平均流量一年内分配情况为 7—9 月为流量最大的月份，3 个月的径流量占全年径流量的 40%；12 月至次年 2 月是流量最小的月份，3 个月的径流量占全年径流量的 10%。一般认为长江下游的洪水季节潮流界为江阴市，非洪水季节的潮流界上移。项目位于长江江阴段上游 50 km 处，潮汐作用比较明显，非洪水季节可能存在回流。

2）地下水

泰兴市含水岩组属松散类孔隙含水岩组，含水层自上而下分为潜水含水层、上部承压含水层和下部承压含水层 3 层。潜水含水层底板埋深除泰兴镇至靖江市地段为 20～25 m 外，其余为 25～30 m，潜水埋深 1～3 m，流向总趋势为由西南向东北，水力坡度很小，流速极迟缓。潜水含水层岩性以灰色、灰黄色粉（亚）砂土为主，水质为淡水，矿化度 0.5～0.85 g/L，单井出水量 50～500 t/d。承压含水层顶板埋深 40～60 m，底板埋深 150～230 m，厚度 100～150 m，水质微咸，矿化度 1～3 g/L，单井出水量 2 000～5 000 t/d，是泰兴市开采利用地下水的主要部分。

二、地质条件

（1）地形地貌及地质条件

泰兴市位于江苏省中部，长江下游北岸，北纬 31°58′12″～32°23′05″、东经 119°54′05″～120°21′56″。东接如皋市，南接靖江市，西临长江，与扬中市、新北区隔江相望，北邻泰州市姜堰区，东北与南通市海安市接壤，西北与泰州市高港区毗连。

泰兴市地处长江冲积平原的河漫滩地，地层属第四系全新统冲积层，具有典型三角洲相和冲淤地貌特点，江滩浅平，江流曲缓。地势开阔平坦，略呈东北向西南倾斜之势，高程一般在 3.5 m 左右。沿江筑有填土大堤，堤顶高程一般 7.3 m，堤外芦苇丛生，堤内为农田。土壤由长江冲积母岩逐渐发育而成，表层为亚黏土，厚 1～2 m；第二层为淤积亚黏土，厚 2～3 m；第三层为粉砂土，厚约 15 m。

1）晚新生代前地层

泰兴市前第四纪地层隶属扬子地层区下扬子地层分区江南地层小区。本区域处在新生代以来的沉降地带，前第四纪地层主要有中生界白垩系等地层。区域内晚新生代前地层地表均未出露，皆掩覆于第四系松散地层下，且埋深在 300 m 以下，自南西向北东逐渐加深。根据区域水文地质普查报告，晚新生代前地层主要有古生界泥盆系上统粉砂岩、粉砂质泥岩、泥岩，以及夹细粒石英砂岩；中生界三叠系中下统灰色灰岩，致密块状，具少量方解石脉，下部见溶洞；中生界白垩系上统紫红色泥砂岩，结构紧密，较坚硬，上部有角砾。

区域前第四纪地层信息见表 3.2-1，区域及周边基岩地质概况见图 3.2-1。

表 3.2-1 区域前第四纪地层信息

系	统	组	代号	厚度/m	主要岩性
新近系	上至中新统	盐城组	$N_{1-2}y$	844~1 445	上部：灰黄、浅灰色黏土、砂质黏土与粉细砂、中细砂互层；下部：浅棕、棕红色泥岩、砂岩、砂砾岩互层
古近系	渐新统	三垛组	E_{3c}	739	上部：浅灰、棕灰色泥岩与泥质粉砂岩、粉细砂岩互层；下部：棕红、咖啡色泥岩夹粉细砂岩、砂砾岩，局部夹玄武岩
	始新统至古新统	阜宁组	E_{1-2fn}	917	上部：灰黑色玄武岩，厚度 4 m；下部：灰白、棕红、浅砖红、浅灰黄色泥岩、粉砂质泥岩，夹泥质粉砂岩、细砂岩，常含钙质及碳化木、介形虫，局部含塔螺和介壳
	古新统	泰州组	E_{1t}	160	上部：咖啡、灰黑色泥岩夹灰质砂岩；下部：浅棕、灰白色泥质粉砂岩与灰黑色泥岩不等厚互层，底为砾岩、角砾岩
白垩系	上统	赤山组	K_{2c}	100~207	砖红色、青灰、灰、暗紫色粉砂岩、粉砂质泥岩、泥质粉砂岩，夹细砂岩、含泥砾岩，常含钙质，具交错层
		浦口组	K_{2p}	457~1 594	上部：暗棕、浅红棕色泥岩、粉砂质泥岩，砖红色粉砂岩、泥质粉砂岩、夹细砂岩，灰色角砾岩；下部：浅棕、灰白色钙质砂砾岩、砂砾岩、砾岩夹细砂岩、粉砂岩及泥岩
侏罗系	上统		J3		火山岩系，浅灰色凝灰岩

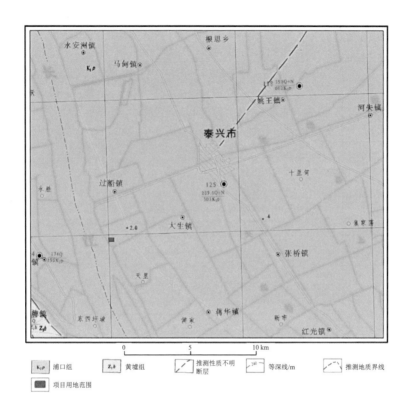

图 3.2-1 区域及周边基岩地质概况

2) 晚新生代地层

泰兴市晚新生代前地层皆被第四系覆盖，根据钻孔资料，晚新生代地层自老至新概况如表 3.2-2 所示。

表 3.2-2 区域晚新生代地层

系	统	代号	主要岩性描述
第四系	全新统	Q_4	下段以灰—灰褐色的淤泥质亚黏土为主，富含有机质，水平层理发育，具层面粉砂，最大厚度可达 20 m；中段以灰色粉砂为主，成分以石英为主，含较多的暗色矿物，具水平和交错层理，厚度一般 30 m；上段以灰—灰黄色亚砂土、亚黏土为主，含锰质结核、白云母碎片及较多的植物根茎遗迹，厚约 10 m

系	统	代号	主要岩性描述
第四系	上更新统	Q_3	埋深 40～50 m，下段以灰色含砾卵石中粗砂夹粉砂及亚黏土为主，厚约 30 m；上段以灰色粉砂为主
	中更新统	Q_2	埋深 88～110 m，下段以黄棕色亚黏土为主，间夹灰色粉细砂薄层；含较多的钙质结核和铁锰质结核，一般厚 2～12 m，最厚可达 20 m；上段下部灰色含砾中粗砂、中细砂、粉细砂及卵砾层，间夹数层胶结砂和亚黏土薄层；具有明显的二元结构；上部为深灰色淤泥质亚黏土或淤泥质粉砂、亚砂土
	下更新统	Q_1	埋深 120～150 m，下段以灰绿色含砾亚砂土为主，局部含粗砂，向河东庄、黄桥一带过渡为亚黏土，厚约 25 m；上段以灰—灰绿色含砾中粗砂、卵砾石夹多层半胶结砂层，局部顶部夹有粉细砂或亚黏土薄层，厚度最厚可达 50 m
上第三系	上新统	N_2	主要为盐城群组，埋深在 220 m 以下，棕红色、灰绿色亚黏土夹细砂、中粗砂薄层或透镜体；黏性土多呈半固结状态，含较多的钙质团块和铁锰质结核；砂层分选性差，风化严重，局部含砾和可见微层理；厚度 40～70 m

（2）泰兴市地质构造及周边环境

项目位于地质构造上属于苏北坳陷区和苏南隆起区的交接地区，地表均覆盖了第四系全新统现代沉积。整个区域主要受南京—南通（宁通）东西向构造带和泰县—金坛新华夏系坳陷带①的影响，具体描述如下。

1）宁通东西向构造带

宁通东西向构造带大体沿长江两岸分布，通过仪征—扬州—扬中一线；主体为东西走向的断褶隆起、断凹和较大的断裂；构造行迹有江都断陷隆起、仪征断凹和宁镇断褶隆起（图 3.2-2）。本项目位于凹陷区内。

---

① 泰县 2012 年设立为姜堰区。

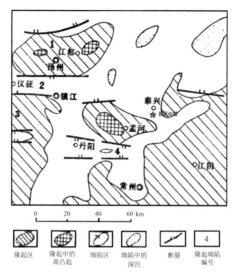

图 3.2-2　宁通东西向构造带

2）泰县—金坛新华夏系坳陷带

坳陷带呈北北东向展布，通过丹阳—扬中—泰州向东北延伸。坳陷带内的凸起，如泰州低凸起、埤城凸起，为东西向构造、北北东向隆起及"山"字形东翼反射弧在坳陷带中的残留部分。

本地区位于华北地震区长江中下游—南黄海地震带，属中强地震活动区，地震活动总体上显示出海强陆弱的特点，地震带分布明显受区域构造方向的控制。

本地区经历了漫长的地质历史和构造演化，在下第三纪末的早喜马拉雅运动后，泰兴市基岩地质构造格架已形成，自上第三纪以来，进入了又一个新的构造运动阶段。新构造运动在古近纪断块运动的基础上继续发展，主要表现为断块间差异性升降运动，具有明显的继承性和差异性，控制了新近纪以来的地形地貌、沉积作用及火山活动。

在新构造运动中，泰兴市为持续沉降区，为上第三系和第四系沉积不断地提供空间条件。泰兴市的构造活动不强烈，地震活动频率低、强度小。

（3）泰兴市地下水赋存条件

泰兴市接受第四系及上第三系厚度巨大的黏土、亚黏土、砂、砾石等松散堆积物的堆积，并形成长江三角洲漫滩平原，发育了孔隙潜水含水组和孔隙承压水含水组。区域地势平坦，坡降小，地表岩性松散，有利于大气降水入渗补给；同时由于地表水系发育，也有利于地表水渗漏补给地下水。加上长江、淮河洪水多次泛滥及第四纪时期海水的时进时退，致使孔隙水水量丰富，水质较复杂。泰兴—河东庄—黄桥—分界水文地质剖面如图 3.2-3 所示。

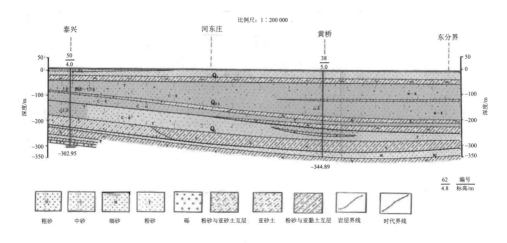

图 3.2-3   泰兴—河东庄—黄桥—分界水文地质剖面

三、生态环境概况

（1）土壤

泰兴市据记载成陆于公元前 200 多年至公元 900 年，以高沙土区成陆最早（公元前 200 多年），沿靖区成陆次之（约公元 200 年），沿江区成陆最迟（公元 900年），由江水所带各种物质逐步沉积而成。土壤母质为长江冲积物，地面真高 3～6 m。土壤的机械组成与水流速度有一定的关系，紧水砂、慢水淤，在水流湍急的地方，砂粒首先沉积，在水流缓慢的地方，黏粒逐步沉积，这就造成了土壤的地域性分布。泰兴市东北部土壤质地较砂，多为轻壤，部分为砂壤或中壤，西南部土壤质地较黏。

泰兴市属长江三角洲冲积平原，地势东北高、西南低，由东北向西南略呈倾斜之势，地势相对平坦。境内土壤由长江冲积母质逐渐发育而来，全市土壤分为潮土和水稻土 2 个土类，灰潮土、渗育型水稻土和潜育型水稻土 3 个亚类，飞沙土、高沙土、夹沙土、菜园土、黄黏土、小粉土、缠夹沙土、淤泥土 8 个土属，24 个土种（表 3.3-1）。项目区域由东向西为高沙平原（面积 939.91 km^2，占全市总面积的 75.0%）、沿靖平原（面积 112.94 km^2，占全市总面积的 9.0%）、沿江平原（面积 156.89 km^2，占全市总面积的 12.5%）。

表 3.3-1　泰兴市土壤分类

土类	亚类	土属	土 种		
			名称	面积/hm^2	占比/%
潮土	灰潮土	飞沙土	飞沙土	75.75	0.09
		高沙土	高沙土	21 846.03	24.58
			薄层高沙土	20 293.42	22.83
			腰高沙土	6 093.75	6.86
			肩高沙土	668.95	0.75
			底高沙土	1 430.93	1.61
			夹高沙土	1 720.23	1.94
			沙码儿土	217.55	0.24
		夹沙土	沙夹黄土	1 476.49	1.66
			黏心沙土	3 583.37	0.85
			黏底沙土	352.57	0.40
		菜园土	菜园土	146.67	0.17
		黄黏土	黄黏土	279.65	0.31
水稻土	渗育型水稻土	小粉土	小粉土	6 769.29	7.62
			薄层小粉土	1 286.12	1.45
			黏心小粉土	321.87	0.36
			黏底小粉土	334.86	0.38
			腰黑小粉土	3 665.52	4.12
			底黑小粉土	694.47	0.78
			肩黑小粉土	123.33	0.14
			夹黑小粉土	51.26	0.06
		缠夹沙土	缠夹沙土	5 134.16	5.78
			沙心缠夹沙土	116.69	0.13
	潜育型水稻土	淤泥土	淤泥土	5 603.77	6.31

（2）植被

泰兴市垦殖历史悠久，典型的原生植被已基本不存在，为次生植被和人工植被所代替。受长江等水体的影响，局部地区小气候条件多种多样，具有南北农作物皆宜生长的特点，作物种类繁多。泰兴市自然分布维管束植物 23 科 165 属 342 种。维管束植物种类中草本植物 237 种，占总种数的 69.3%；木本植物 105 种，占总种数的 30.7%。主要木本植物有银杏、水杉、意杨、垂柳、泡桐树、桑树、刺槐、香樟、构树、女贞、桃树、梨树、枇杷树、苹果树等。草本植物种类丰富，成分复杂，以菊科、蓼科和禾本科植物占优势。

泰兴经济开发区地处常绿阔叶林带与落叶阔叶混交林带。人工植被主要有农田作物、经济林、防护林等；次生植被常见于农田隙地和抛荒地，以白茅、西伯利亚蓼等植物为主，其次是画眉草、狗尾草、苜蓿、蒲公英等。此外，还有分布在水域环境中的水生植被，包括芦苇、菖蒲等挺水植物，黑藻、狐尾藻等沉水植物，凤眼莲、浮萍等漂浮植物。

（3）动物

现有动物资源中，人工养殖的动物品种主要有鲫、鲤等鱼类，虾、蟹等甲壳类动物，牛、猪、鸡、鸭等家禽；野生动物品种有狗獾、刺猬、蛇、黄鼠狼等动物，麻雀、白头翁等鸟类，虾、蟹、甲鱼等水生动物，蚯蚓、水蛭等环节类动物，蚂蚁、蝗虫、蜜蜂等节肢类动物。

（4）长江珍稀生物

长江流域是我国淡水渔业最发达的地区，鱼类资源丰富，渔业历史悠久，名贵珍稀品种较多，特别是长江中下游地区，是现存的一些淡水鱼类的起源和发育中心，也是部分洄游性鱼类产卵、育幼和越冬的场所。

泰兴市主要珍稀物种有白鳍豚、中华鲟和白鲟，都是国家一级保护野生动物。另外胭脂鱼、鲥等动物是我国重要品种，其野生品种属于应该保护的动物。

第四章

河道生态修复

一、工程等别和标准

（1）工程等别及建筑物级别

根据《水利水电工程等级划分及洪水标准》（SL 252—2017）有关规定，综合考虑水系特点、已建成同地区河道、防汛需要及保护范围等因素，确定河道生态修复工程等别为Ⅳ等，主要建筑物为 4 级水工建筑物，次要建筑物和临时建筑物为 5 级水工建筑物。

（2）设计标准

1）防洪标准

根据《江苏省泰兴经济开发区治涝规划（报批稿）》要求，规划范围内河道①整治防洪标准应达到《防洪标准》（GB 50201—2014）及《堤防工程设计规范》（GB 50286—2013）要求。

2）排涝标准

根据《江苏省泰兴经济开发区治涝规划（报批稿）》，团结河等 6 条河位于泰兴经济开发区西片排水区，按照泰兴市 20 年一遇标准排涝，即日降雨量 120 mm，

---

① 包括团结河、通江河、丰产河、区内河、排涝河 A、排涝河 B。

24 h 排出，排涝模数为 2.0 m³/（s·km²）。

3）设计水位

根据《江苏省泰兴经济开发区治涝规划（报批稿）》，结合泰兴经济开发区地形、排涝现状及发展规划要求，泰兴经济开发区治涝标准为 20 年一遇，降雨历时为 24 h，排涝时间为 24 h，排涝水位不超过河道控制水位。确定河道生态修复工程的河道水位：最高排涝水位 2.80 m；正常水位 2.40 m；预降水位 1.80 m。

4）堤顶高程

根据《堤防工程设计规范》（GB 50286—2013），河道生态修复工程主要建筑物级别为 4 级，在允许越浪的情况下堤防的安全超高值不得小于 0.3 m，最高控制水位按最高排涝水位 2.80 m 计，同时结合现状地面平均高程，确定堤顶高程应不小于 3.50 m，若地面高程大于 3.50 m，则维持现状。

5）抗震标准

根据《建筑抗震设计规范（2016 年版）》（附条文说明）（GB 50011—2010）的有关规定，规划场地范围的抗震设防烈度为 7 度，设计基本地震加速度为 0.15 g。河道生态修复工程的主要建（构）筑物按 7 度设防。

6）通航标准

河道生态修复工程河道没有通航功能。

7）设计荷载

墙后附加荷载为 5 kN/m²，施工期该值为 10 kN/m²。

8）水位组合

根据《堤防工程设计规范》（GB 50286—2013），堤防边坡整体稳定计算可分为正常运用条件和非常运用条件两种工况，河道边坡稳定计算水位组合见表 4.1-1。

表 4.1-1 河道边坡稳定计算水位组合　　　　　　　　　　单位：m

工况条件	水位		备注
	河道内	地下水	
正常运用条件	0.50	2.00	正常运用条件
非常运用条件Ⅰ	无水	1.50	非常运用条件Ⅰ
非常运用条件Ⅱ	1.20	2.00	非常运用条件Ⅱ

注：非常运用条件Ⅰ为施工期工况，非常运用条件Ⅱ为地震期工况。

9）边坡稳定安全系数

堤防工程边坡稳定安全系数允许值如表 4.1-2 所示。

表 4.1-2　堤防工程边坡稳定安全系数允许值

工况条件	边坡整体稳定安全系数
正常运用条件	1.15
非正常运用条件 I	1.05
非正常运用条件 II	1.00

10）挡墙稳定安全系数

采用《堤防工程设计规范》（GB 50286—2013）规定的土基地质条件下的安全系数允许值，挡墙稳定计算安全系数允许值见表 4.1-3。

表 4.1-3　挡墙稳定计算安全系数允许值

工况条件	抗滑安全系数	抗倾安全系数	基底应力比
正常运用条件	1.20	1.40	1.5
非正常运用条件 I	1.05	1.30	2.0
非正常运用条件 II	1.00	1.30	2.0

二、设计思路

河道生态修复工程涉及河道为内陆中小河道，该河道水位落差小、水力比降小、水流缓慢，河道底部有大量的淤泥沉积，河道局部表面有大量空气灰尘及底泥悬浮物，河道存在不同程度的污染。

针对河道水质现状产生的原因，采取控源截污、底泥疏浚（或称河道疏浚）、护岸、人工曝氧、絮凝沉降、水生态系统构建、防汛通道、景观绿化、活水畅流等多项措施，取得了较好的整治效果，从而提高了河道水质，后期的活水畅流工程可实现河道缓流循环，增强河道的自净能力。

（1）控源截污

河道整治的关键是截污治污，否则无法从根本上改善水质。目前厂区污水已完全截污纳管，对现有雨水及清下水排口进行监测，排污量未见明显增加。河道两侧基本为厂区，外源污染主要为初期降雨带来的地表径流污染。

（2）底泥疏浚

底泥耗氧量增加是河道水质恶化的主要原因之一，底泥是各种污染物的主要归宿场所，水体污染导致底泥淤腐并加快水体富营养化进程，所以必须彻底清除河道内已经被严重污染的底泥，再通过底泥生物氧化等方法重建河道底部生态。6条河道目前都存在底泥淤积现象。从内源污染来看，由于河道两侧多为化工类厂房，根据底泥指标分析，存在重金属和营养盐两种污染源。从重金属方面考虑，6条河道都需要清淤，特别是通江河和区内河；从内源营养盐释放考虑，通江河、丰产河和区内河需要清淤。团结河、通江河和排涝河有定期清淤计划，因此本工程最终确定对丰产河和区内河进行疏浚清淤。

（3）护岸

水体流动对河岸的冲刷会造成水土流失，沿岸植被的破坏也会引起水土流失。水土流失将造成河道淤塞，累积的淤泥会发黑发臭。因此，因地制宜地建设生态护岸是防止水土流失的有效办法。

（4）人工曝氧

人工曝氧能提升水体中溶解氧的浓度，进而促进好氧微生物活力的增强，提高水体自净功能。

（5）絮凝沉降

壳聚糖和改性红壤等环境友好型絮凝剂能吸附、凝聚、沉淀河道水体中色质悬浮物（SS）等物质，提高水体透明度，并为沉水植物种植提供条件。

（6）水生态系统构建

河道是一种具有开放性、流动性、连续性的生态系统，在治理过程中，结合河道的生态功能，合理利用各种水生动植物资源，实现水生态平衡发展，有效改善水质。

（7）防汛通道

目前规划河道周边道路较完整，基本符合防汛要求，只有排涝河B东侧目前是空地，需规划出一条道路满足汛期抢险的需求。

（8）景观绿化

设计选用特色植物对河道两岸进行分段植栽。目前除排涝河 B 外，其他河道两岸市政绿化较完善，因此对排涝河 B 进行局部主题亮点打造。

（9）活水畅流

从遵循自然状况、实现水体定向有序流动方面着手，对现有水利工程设施进行联合调度运行，实现水体的定向、定量和有序流动，达到科学利用水资源、全面改善水环境质量的目的。

在对河道实施一系列工程措施来稳定水质的基础上，结合河道的闸站工程进行泰兴经济开发区水系沟通，加强泰兴经济开发区河道的缓流循环，增强河道的自净能力，真正实现活水畅流。

三、工程总体布置

（1）布置原则

工程布置总原则：配合地区的规划建设，在符合河道功能要求的前提下，充分考虑和利用地形及地质现状，尽量减少拆迁，少征地，减少对地方的影响，做到布置合理、协调美观、结构安全、施工方便、投资节省。

① 河道平面布置需符合《江苏省泰兴经济开发区发展总体规划（2015—2030）》和《泰兴市城市水环境治理规划（2014—2030）》要求。

② 按照规划进行平面布置，同时在踏勘的基础上，与当地管理部门充分沟通，综合考虑河道现状、征地以及工程投资等因素。

③ 平面布置线形自然顺直，转弯圆顺，符合防汛排涝要求。河岸线布置确保岸线平顺。

④ 以改善自然生态与提高河道引排水功能相结合为原则，在满足河道引排水及水资源调度需求的同时，要积极考虑护岸的功能性和生态性要求。

（2）工程总体布置

根据《泰兴市城市水环境治理规划（2014—2030）》要求，确定河道工程实施规模原则如下：以河道规划为基本依据，从实际出发，因地制宜，在保证现有河面率的基础上，尊重现状条件，避免大拆大建，以保留现状河道宽度为主，在有条件的河段尽量扩大河口宽度。同时，布置护岸结构保证河道边坡稳定，布置沿河绿化，提升河道品质，满足地块景观需要，建立河道水生态，提高河道水质，满足泰兴经济开发区城市规划发展总体要求。

（3）河道平面布置

为提高河道水质，营造生态水景观，同时增强河道防汛排涝能力，针对团结河等 6 条河存在的问题，实施河道控源截污、底泥疏浚、护岸、人工曝氧、絮凝沉降、水生态系统构建、防汛通道、景观绿化、活水畅流、河流综合监测等工程和具体措施。

1）团结河

针对团结河水质现状，可采用的工程及措施主要包括护岸工程、人工曝氧工程、絮凝沉降措施、水生态系统构建工程、景观绿化工程及河流综合监测工程等。

• 护岸工程：将团结河自闸北路至沿江北路两岸混凝土护坡改造为高强联锁块护坡，改造两岸全长 2 204.78 m，并对现有植草砖护岸破损部分进行修复。

• 人工曝氧工程：沿河道中心线每隔 50 m 布置 1 台太阳能曝气机，共设 24 台，提升底层水体溶解氧含量，恢复和增强底层水体中好氧微生物的活力，水体中的氨氮（NH_3-N）污染物得以净化，从而改善河流的水质。

• 絮凝沉降措施：利用自动撒药机装置在沉水植物种植前进行少量絮凝剂投放，改善水体透明度。

• 水生态系统构建工程：为加强水生态系统构建效果，结合河道深度，于整个河道内种植沉水植物，并投放适量水生动物，构建和谐、稳定的水生态系统。

• 景观绿化工程：自沿江大道至长江段对现有植草砖护坡和改造联锁块护坡进行斜坡植草绿化，主要种植香菇草和马尼拉草，种植面积约 10 018 m^2。

• 河流综合监测工程：在工程范围上游和入江口布设监测站，主要监测指标为化学需氧量（COD）、氨氮（NH_3-N）、总磷（TP）和"常五"参数（水温、pH、溶解氧、电导率和氧化还原电位）。

团结河典型河段效果见图 4.3-1。

图 4.3-1 团结河典型河段效果

2）通江河

针对通江河水质现状，可采用的工程及措施主要包括护岸工程、絮凝沉降措施、水生态系统构建工程、景观绿化工程及河流综合监测工程等。

● 护岸工程：将通江河自闸北路至沿江北路两边现状混凝土护坡改造为聚氨酯生态护坡，改造两岸全长 2 953 m，并对现有植草砖护岸破损部分进行修复。

● 絮凝沉降措施：利用自动撒药机装置在沉水植物种植前进行少量絮凝剂投放，改善水体透明度。

● 水生态系统构建工程：为加强水生态系统构建效果，结合河道深度，于整个河道内种植沉水植物，沿河道中心线布置生态浮床若干，并投放适量水生动物，构建和谐、稳定的水生态系统。

● 景观绿化工程：自沿江大道至闸北路段陆域无植被区增加绿化设计，绿化长度约 506 m，面积约 962 m^2，主要种植香樟、红叶石楠球、马尼拉草等，保证两岸风貌一致。自沿江大道至长江段对现有植草砖护坡和聚氨酯生态护坡进行植草绿化，主要种植香菇草和马尼拉草等，种植面积约 12 009 m^2。

● 河流综合监测工程：在工程范围上游和入江口布设监测站，主要监测指标为 COD、NH$_3$-N、TP 和"常五"参数。

通江河典型河段效果见图 4.3-2。

图 4.3-2　通江河典型河段效果

3）丰产河

针对丰产河水质现状，可以采用的工程及措施主要包括底泥疏浚工程、控源截污工程、人工曝氧工程、絮凝沉降措施、水生态系统构建工程、景观绿化工程及河流综合监测工程等。

• 底泥疏浚工程：对丰产河按设计断面全线进行疏浚。

• 控源截污工程：沿江大道至闸南北路西侧小桥段的丰产河南侧有大面积地表黄土裸露，为减少泥沙入河和丰富景观效果，在该侧布置生态植草沟，减少地表径流污染。

• 人工曝氧工程：沿河道中心线每隔 50 m 布置 1 台太阳能曝气机，共设 80 台，提高底层水体溶解氧含量，恢复和增强底层水体中好氧微生物的活力，提高聚磷菌在好氧环境下的吸磷水平，水体中的 $NH_3\text{-}N$ 和 TP 污染物得以净化，从而改善河流的水质。

• 絮凝沉降措施：利用自动撒药机装置在沉水植物种植前进行少量絮凝剂投放，改善水体透明度。

• 水生态系统构建工程：为加强水生态系统构建效果，结合河道深度，于整个河道内种植沉水植物，并投放适量水生动物，构建和谐、稳定的水生态系统。

• 景观绿化工程：自沿江大道至闸南北路段的北侧陆域无植被区增加绿化设

计，绿化长度约 1 025 m，面积约 2 042 m^2，主要种植香樟、红叶石楠球、云南黄素馨、马尼拉草等，保证两岸风貌一致。

- 河流综合监测工程：在工程范围上游和入江口布设监测站，主要监测指标为 COD、NH$_3$-N、TP 和"常五"参数。

丰产河典型河段效果见图 4.3-3。

图 4.3-3　丰产河典型河段效果

4）区内河

针对区内河水质现状，可采用的工程及措施主要包括底泥疏浚工程、人工曝氧工程、絮凝沉降措施、水生态系统构建工程及河流综合监测工程等。

- 底泥疏浚工程：对区内河按设计断面全线进行疏浚。

- 人工曝氧工程：沿河道中心线每隔 50 m 布置 1 台太阳能曝气机，共设 30 台，提高底层水体溶解氧含量，恢复和增强底层水体中好氧微生物的活力，提高聚磷菌在好氧环境下的吸磷水平，水体中的 NH$_3$-N 和 TP 污染物得以净化，从而改善河流的水质。

- 絮凝沉降措施：利用自动撒药机装置在沉水植物种植前进行少量絮凝剂投放，改善水体透明度。

- 水生态系统构建工程：为加强水生态系统构建效果，结合河道深度，于整个河道内种植沉水植物，河道较窄处两岸设置生态浮床，并投放适量水生动物，构建和谐、稳定的水生态系统。

● 河流综合监测工程：在工程范围上游和入江口布设监测站，主要监测指标为 COD、NH_3-N、TP 和"常五"参数。

区内河典型河段效果见图 4.3-4。

图 4.3-4　区内河典型河段效果

5）排涝河 A

针对排涝河 A 水质现状，可采用的工程及措施主要包括絮凝沉降措施、水生态系统构建工程及河流综合监测工程等。

● 絮凝沉降措施：利用自动撒药机装置在沉水植物种植前进行少量絮凝剂投放，改善水体透明度。

● 水生态系统构建工程：为加强水生态系统构建效果，结合河道深度，于整个河道内种植沉水植物，并投放适量水生动物，构建和谐、稳定的水生态系统。

● 河流综合监测工程：在工程范围上游和入江口布设监测站，主要监测指标为 COD、NH_3-N、TP 和"常五"参数。

排涝河 A 典型河段效果见图 4.3-5。

图 4.3-5　排涝河 A 典型河段效果

6）排涝河 B

针对排涝河 B 水质现状，可采用的工程及措施主要包括护岸工程、絮凝沉降措施、水生态系统构建工程、景观绿化工程及河流综合监测工程等。

• 护岸工程：将排涝河 B 两侧无护岸段改造为杉木桩护岸，改造两岸全长 1 453.07 m。

• 絮凝沉降措施：利用自动撒药机装置在沉水植物种植前进行少量絮凝剂投放，改善水体透明度。

• 水生态系统构建工程：沿河道两岸依次种植挺水植物、浮叶植物和沉水植物，并投放适量水生动物，构建和谐、稳定的水生态系统。

• 景观绿化工程：将排涝河 B 东侧空地改造为休闲绿地，设置防汛游步道、木平台等，并局部设计微地形，构建丰富的植物群落；对西侧自然护坡进行斜坡绿化设计，主要种植马尼拉草，种植面积约 3 504 m^2。

• 河流综合监测工程：在工程范围上游和入江口布设监测站，主要监测指标为 COD、NH$_3$-N、TP 和"常五"参数。

排涝河 B 典型河段效果见图 4.3-6。

图 4.3-6　排涝河 B 典型河段效果

四、河道疏浚工程

（1）疏浚原则

为了解决河道淤积严重、重金属超标、底泥营养盐释放和排水不畅等问题，需对河道按设计断面全线进行疏浚。

河道疏浚原则如下：

① 清除污染淤泥，疏浚河道，扩大过水断面；

② 符合河道边坡稳定要求，减少坍塌造成的淤积；

③ 疏浚断面应考虑两岸护岸及其他建筑物的安全；

④ 疏浚施工要避免对周围环境造成污染。

（2）疏浚方法

本工程河道两岸基本为厂区，机械操作对周边环境影响较大，且部分河段没有达到规划河道口宽标准，大型机械船舶无法进入并进行疏浚，为保障护岸工程的安全，采用水力冲挖疏浚这种环保清淤方式。

水力冲挖疏浚是采用高压水枪直接冲挖土体的一种疏浚方式。采用水力冲挖机组的高压水枪冲刷底泥，将底泥扰动成泥浆，流动的泥浆汇集到事先设置好的低洼区中，由泥泵吸取、管道输送，泥浆输送至岸上的储泥池内以备后续固化处置。这种疏浚方式施工精度相对较高，超挖、欠挖较易控制，对现有护岸结构基础影响较小，施工造价最低，且二次污染较小，可保护周边环境。

（3）淤泥处置

由项目河道的底泥分析可知，项目河道具有重度有机污染和重金属超标的特点，为杜绝出现淤泥处置不当而引发二次污染等问题，水力冲挖产生的淤泥需进行固化和资源化利用。

淤泥固化采用土工袋高干脱水技术。土工袋高干脱水技术所采用的材料是一种复合型固化材料，这种复合型固化材料可使淤泥、水和固化剂三者之间产生相互关联、相互影响和相互促进的各类效应和作用，不但可以弥补单一材料在固化反应中的部分缺陷，还可大大提高固化土强度及稳定性等各类重要指标的数值。

固化剂中矿渣微粉、硅酸盐熟料等成分的活性物质在固化剂本身创造的碱性环境中发生更充分的水化、水解反应，生成各种水化产物，并产生较多的胶凝物质。这些胶凝物质会凝结、包裹淤泥中的细小颗粒，使之团粒化，形成一个以水化胶凝物为主的骨架结构，从而使固化剂具有一定的强度和稳定性。水化产物对土壤中的活性物质有一定的激发作用，可激发淤泥颗粒本身的活性，在固化剂和淤泥颗粒之间进一步形成有效的作用力，使土壤本身参与固化稳定，达到更好的固化反应效果。

固化材料颗粒与淤泥颗粒相互填充，形成紧密堆积结构，加上固化材料本身具有较高的强度和硬度，通过水化产物相互搭接后，固化材料颗粒的未水化部分在水化产物之间还可起到强有力的"微集料填充"和"骨架支撑"作用。利用激发剂的有效活性激发成分，能更好地促进这种复合胶凝效应，还能保留部分活性成分并在较长时间内稳定地增加强度。以水硬性成分为主要固化材料的固化土，具有良好的水稳性及抗冻性，经过物理压实后它能表现出良好的整体强度、更强的水稳性及防渗透性，最终固含率 30%～70%，固体截留率达 99.9%，出水清澈，不产生二次污染，可作为一种优良的地基土工材料使用。

土工袋高干脱水技术的主要施工工序：固化系统建设→固化剂制作→搅拌作业→固化填充料制作、冲填→养护。养护时间 7～14 d，根据目标含水率的要求可做调整，最多不超过 15 d。

土工袋高干脱水技术具有以下 3 种固化优势：

1）大幅提高脱水性能杜绝二次污染

在线对淤泥做脱水预处理和无害化处理，得到的淤泥干度高，对环境无二次污染。在线处理设备结构紧凑、能耗低、易于移动和进行野外作业。

2）处理量大、全封闭，是简单有效的脱水办法

以特殊编织的土工袋为容器进行滤水，出水清澈，水质优于原水。单线处理量大，清淤工期短。全封闭作业，可有效控制对环境的不利影响。无须建设基础设施，也没有能耗和机械维护。

3）就地处置和资源化利用

土工袋可沿堤岸布置，连同干泥一起留在原地，起到强堤固岸的作用。也可集中堆叠、覆土绿化，变成景观的一部分。根据需要，干泥可以取出，易地处置或利用。干化后的淤泥可做周边建筑工地土方工程的土，并根据现场实际需求进行调整。

项目淤泥处置所需场地面积 800～1 000 m²，其中包括沉泥池、调浆池和土工袋堆置场地，淤泥处置场所需踏勘并与业主沟通后确定。

（4）疏浚断面

根据《泰兴市城市水环境治理规划（2014—2030）》要求，结合现状调研，丰产河和区内河河道典型疏浚断面可参见图 4.4-1～图 4.4-4。

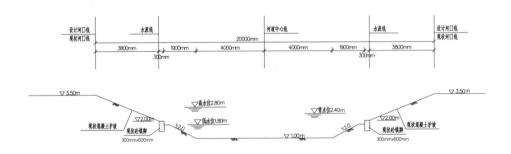

图 4.4-1　丰产河河道典型疏浚断面

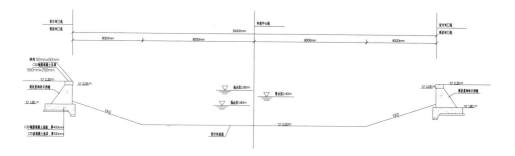

图 4.4-2　区内河河道典型疏浚断面一

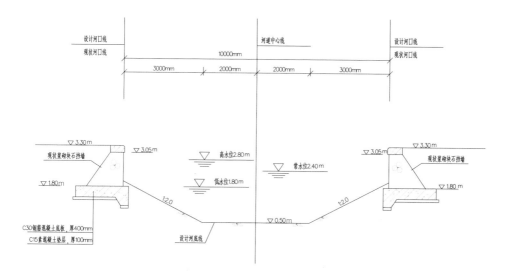

图 4.4-3　区内河河道典型疏浚断面二

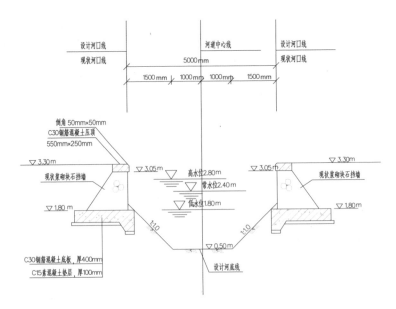

图 4.4-4   区内河河道典型疏浚断面三

（5）工程量

经计算，本工程丰产河和区内河共产生疏浚土方 10 113.9 m³，淤泥固化产生的干物质含水率 30%～40%，预计产生干物质量 4 045.56 m³，实际干物质量与泥样性质和目标含水率相关，以最终处置得到的干物质量为计量依据。

五、护岸工程

（一）设计思路

河道护岸设计综合考虑河道特性、地形、地质条件、水流、安全、生态、行洪、土地、建筑材料、施工条件、工程造价、运行管理、周围环境等因素，遵循以下原则：①护岸型式应根据河道特性，满足排涝调蓄功能，工程建成后，应有利于区域洪水排出，有利于增加河网储水能力。②护岸型式应根据实际地形、地质条件，符合整体稳定或局部稳定要求。③岸坡防护应采用工程措施与生物措施相结合的方式，岸坡防护的结构、材料应符合坚固耐久、抗冲刷、适应变形能力强的要求，同时应便于施工、修复、加固。④ 体现人与自然的和谐关系，注重自然生态性，注重水土保持，充分考虑景观休闲和亲水安全。工程建成后，达到"水清、流畅、岸绿、景美"的效果，河网水体自净能力得到加强，河网水质得到改善。⑤ 结合区域需求，因地制宜，适当增加护岸的多样性。

（二）河道断面型式

护岸结构选型首先考虑结构的安全可靠性和经济性，除满足防汛排涝的功能要求外，还应考虑河道沿岸的周边环境、河道的景观生态效果等，充分发挥河道在防汛、排涝、改善周边环境等方面的综合功能。

平原地区常规河道护岸工程主要有斜坡式、直立式、复合式等河道断面型式。本书在满足相关规划要求的情况下，根据实际情况，对河道断面型式进行比选。现对常规河道断面型式进行介绍。

（1）斜坡式河道断面

根据河道边坡稳定安全的要求，断面从河底到堤顶采用斜坡式结构，边坡根据实际情况进行护砌、绿化，确保边坡稳定或局部稳定。斜坡式河道断面具有结构工程量小，结构工程费用低，生态及景观效果均比较好的特点。斜坡式河道断面如图 4.5-1 所示。

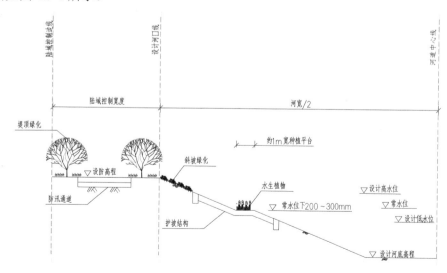

图 4.5-1　斜坡式河道断面

（2）直立式河道断面

直立式河道断面一般采取在一个较为合适的河滩高程处设置直立式挡墙结构的方式，挡墙结构常采用钢筋砼挡墙、浆砌块石挡墙或其他硬质结构。直立式挡墙墙顶高程直接达到设防高程，对于墙后地势比较低的区域，墙后地坪高程可小于墙顶高程。直立式挡墙有防汛墙作用。直立式河道断面如图 4.5-2 所示（考虑挡墙结构多样，以直立式钢筋砼挡墙为例，下同）。

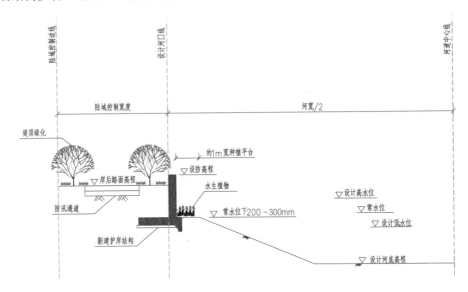

图 4.5-2　直立式河道断面

（3）复合式河道断面

复合式河道断面介于直立式与斜坡式河道断面型式之间，一般在一个较为合适的河滩高程处设置挡墙结构，挡墙结构常采用钢筋砼挡墙、浆砌块石挡墙或其他硬质结构。直立式挡墙墙顶高程不直接达到设防高程，一般墙顶高程达到河道设计高水（潮）位。直立式挡墙后设置斜坡式土堤或二级挡墙，堤顶高程达到防汛高程。复合式堤防断面如图 4.5-3、图 4.5-4 所示。表 4.5-1 为各类河道断面型式对比分析。

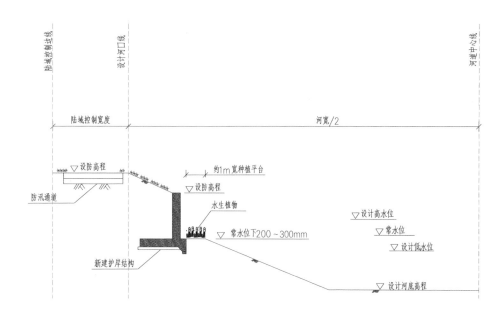

图 4.5-3 复合式堤防断面（一级挡墙）

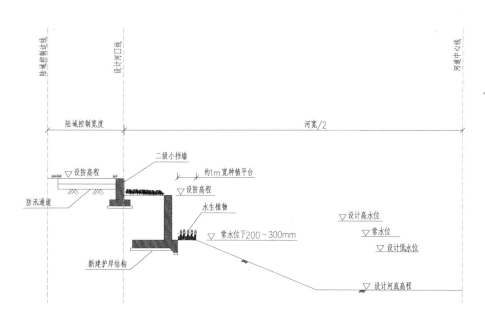

图 4.5-4 复合式堤防断面（二级挡墙）

表 4.5-1   各类河道断面型式对比分析

比较项目	斜坡式河道断面	直立式河道断面	复合式河道断面
安全性	对于河底高程小的河道，斜坡式护岸边坡整体稳定性不高，边坡结构强度低，易损坏，总体安全可靠度较低	直立式挡墙安全可靠度高，墙后不用堆土筑堤，有利于边坡整体安全稳定，该断面型式安全可靠度高	复合式河道断面较斜坡式河道断面安全可靠度高，在可以确保墙后土堤高程及宽度的前提下，安全可靠度也较高
生态、景观性	河面宽阔，对边坡景观进行绿化可以达到较好的景观效果；陆域和水域不形成隔断，生态性好	硬质直立式挡墙"一墙到顶"，墙体高，景观效果差；直立式挡墙墙体将陆域和水域完全隔断，生态性差	复合式河道断面通过适当降低挡墙高度，岸线整体景观效果优于直立式，条件允许时在腹地可形成亲水景观岸线；由于硬质墙体将陆域和水域隔断，对生态性有一定的影响
工程占地	工程占地大	工程占地最小	工程占地介于前两者之间
养护管理	护坡结构强度低，在船行波及风浪侵袭下易受损，日常巡查养护工作量大	直立式结构强度大，墙体安全可靠度高，日常管理工作量小	介于前两者之间，需重点加强墙后土堤的日常巡查管理工作
工程投资	结构工程量小，工程费用低，但用地面积大，腾地费用将大幅增加	工程费用主要集中在墙体结构工程量上；最小用地范围可缩小；可以将腾地补偿费用降至最低	墙体结构工程量较直立式减少；用地范围介于前两者之间，腾地补偿费用居中

本次河道综合整治以提高区域防汛排涝能力为基础，以提升河道周边水体环境、美化居民居住环境、提升开发区河道整体形象为最终目标。故本次设计考虑断面型式应在安全性、耐久性的基础上，充分考虑生态性、景观性，同时兼顾经济性及可实施条件。结合调研结果，河道采用直立式结构和斜坡式结构断面型式。

（三）主要建筑物设计

（1）护岸设计原则

本次工程河道护岸结构设计综合考虑安全、造价、生态、与周边结构的协调性及施工难度等因素，应符合以下原则：

①护岸结构设计应遵循因地制宜的原则，可根据整治河道岸后为人口聚居区

域和农田等无人或少人居住区域两种区域提出不同的护岸型式。

②河道现状自然绿化比较良好的岸段，护岸设计考虑尽量保持原有的外貌。

③与原有护岸衔接的新建护岸，尽量采用原有护岸的结构型式，或采用比较协调的衔接方式。

④尽量采用生态性较好的护岸结构型式。

⑤护岸设计尽可能减少临时施工措施，并减少施工期对邻近建筑物的影响。

（2）护岸结构选择

根据以上对河道断面结构型式的比选，确定了本次新建河道采用直立式结构和斜坡式结构断面型式，下面在该结构断面的基础上进行河道护岸结构比选，以确定河道护岸结构型式。

本次设计参考类似工程经验，并结合工程实际情况，收集在河道综合整治工程中常用的结构型式。常用的挡墙或护坡方案有浆砌块石挡墙结构、钢筋混凝土挡墙结构、高强嵌锁块挡墙结构、仿木桩结构、木桩结构、"U"形板桩结构、生态植草砖护坡、高强联锁块护坡、全生态自然护坡等，应结合工程河道的地形条件，并对施工条件、工程地质、经济安全等多因素进行综合分析后选用。

1）浆砌块石挡墙结构

浆砌块石挡墙为常见重力式挡土墙的一种，可依靠墙身自重抵抗土体侧压力（图4.5-5）。压顶采用混凝土材料并与墙身块石相匹配，以达到美观的效果，墙身块石依靠水泥砂浆的黏结力、摩擦力及块石自身重力，保持构筑物的稳定性。块石之间空隙被水泥砂浆充塞密实，因而具有更好的整体性、密实性和强度，可以防止渗水漏水，提升抵抗侵蚀的能力。下部基础常采用钢筋混凝土材料，可以保证结构的整体稳定性，如遇软弱地基或稳定性不满足的情况可进行桩基处理，打设方桩或灌注桩为常用方法。由于浆砌块石挡墙结构安全耐用、耐侵蚀、工艺成熟、施工方便、可就地取材、经济效果及美观效果好，在我国水利、铁路、公路、港湾、矿山等工程中得到广泛应用。

图 4.5-5   浆砌块石挡墙结构实景

2）钢筋混凝土挡墙结构

钢筋混凝土挡墙为常见悬臂式挡土墙的一种，是一种轻型支挡结构物（图 4.5-6）。它是由立板和底板两部分组成的，稳定性主要由墙身的重量及底板以上的重量（包括表面超载重量）来维持，使用范围为缺乏石料、地基承载力低的区域以及地震地区，特点是截面尺寸小、自重轻、对地基承载力要求不高、施工方便、挡土高度高、工作面较大。

图 4.5-6   钢筋混凝土挡墙结构实景

3）高强嵌锁块挡墙结构

高强嵌锁块挡墙是一种新型柔性重力式挡土墙，主要依靠由高强嵌锁块块体和加筋土连接构成的复合体的自重抵抗动静荷载，以达到稳定的效果，是一种新型景观结构（图 4.5-7）。高强嵌锁块挡墙的特点：高承载力，耐久、耐磨、耐腐蚀，为柔性结构，施工简便快捷，维护方便，实用性能好，环保，美观，拼法多、色彩多。

高强嵌锁块挡墙是近年来在欧洲、美国和澳大利亚等国家和地区迅速发展起来并广泛应用的新型柔性重力式挡土墙，因其独特的设计、丰富的装饰效果、便捷的施工条件和良好的结构性能，在现代挡土工程中起到越来越重要的作用。这种新型柔性结构挡土体系广泛用于河道护岸、园林景观、高速公路、立交桥和护坡、小区水岸等工程，这种挡墙比传统的钢筋混凝土和浆砌块石挡墙更容易施工，并且美观、耐久。

图 4.5-7　高强嵌锁块挡墙结构实景

4）仿木桩结构

仿木技术是一种工艺技术。运用这种工艺技术可以生产制作出外观似实木的各种产品，仿木桩就是其中的一种。

仿木桩从外观上看与原木桩不相上下，生态性能可"以假乱真"，甚至与自然景观难以区分，可塑性大，材质生态环保、强度大，耐水、耐腐蚀、耐久性强，使用寿命（30～50 年）比原木（5～10 年）长，施工方便、维护简单，生态环保的同时又化解了木材紧缺的窘况。仿木桩逼真的原木效果，可满足人们对自然以及对个性、艺术化环境的追求，带给人们回归自然的生活情趣（图 4.5-8）。

图 4.5-8   仿木桩结构实景

5）木桩结构

木桩结构采用树木的树干，横向截断成规定长度木桩后再沿河道岸线密排打入土体（图 4.5-9）。由于木桩结构具有生态效果好、护土效果明显、对施工场地要求低、工程造价成本低等优势，在河道工程中得到普遍应用。木桩对靠近道路和居民房屋的河段、岸坡起到一定的保护作用，因取材方便、价格低廉，故而得到普遍应用。

图 4.5-9   木桩结构实景

6）"U"形板桩结构

板桩作为防护桩的一种，形状长而扁，可用于边坡、基坑等设施的防护。板桩能够延长渗径长度、减少渗透坡降，在水利工程中应用普遍。

"U"形板桩采用了"U"形变截面结构设计，在增加截面高度、增大截面抵抗弯矩的同时，还增加了截面的宽度，具有抗弯和抗剪性能良好、现场作业周期短、耐久性强、性价比高、止水效果好、外形美观、可节省用地（垂直贯入）等多种优势（图 4.5-10）。对比传统河道护岸型式，"U"形板桩可节约大量不可再生资源，随着生态环境保护、资源节约的提倡，以及砂石资源的日渐匮乏、人工成本的大幅增加，"U"形板桩的优势将显露无疑。

图 4.5-10 "U"形板桩结构实景

7）生态植草砖护坡

植草砖类型的生态护坡，其砖的样式常见的有六角形、"人"字形、"8"形、八角形等，具有很强的抗压性，铺设在地面上有很好的稳固性。在植草砖中栽种一些花草等植物，网格与植物相互依托，形成综合护坡系统。这种护坡绿化面积广，能经受行人的踩踏、车辆的辗压而不被损坏，同时绿草的根部生长在植草砖下面，草根不会受到伤害。生态植草砖护坡样式、颜色多变，具有较高的美化度（图 4.5-11）。

图 4.5-11 生态植草砖护坡实景

8）高强联锁块护坡

高强联锁块护坡结构透水，生态性较好；砌块之间的空隙可种植水生或陆生植物，景观性较好；护坡材料为预制高强砼砌块，铺设于水位变动区，可防止水流淘刷土体，具有一定的稳定性和耐久性（图4.5-12）。

图 4.5-12　高强联锁块护坡实景

9）全生态自然护坡

全生态自然护坡利用植物根系的"锚固"作用使河道边坡更稳定和具有一定的抗冲刷能力，同时全生态自然护坡具有造价低、可美化环境的特点（图4.5-13）。种植当地草木可形成一个能够长时间存活，最后能脱离人工维护的自然系统。全生态自然护坡的主要特点：能够营造一个适合陆生植物、水陆两生植物、水生植物生长的环境；满足河道边坡的稳定性要求，降低工程造价；减少刚性结构，增强护坡在视觉中的"软效果"。

图 4.5-13　全生态自然护坡实景

聚氨酯生态护坡实景如图 4.5-14 所示。

图 4.5-14　聚氨酯生态护坡实景

根据表 4.5-2 护岸结构比选情况，综合考虑现场实际情况及建设单位相关意见，以及安全性，生态、景观性，工程占地，养护管理，工程投资等因素，本次工程采用高强联锁块护坡、杉木桩结构、生态植草砖护坡、聚氨酯生态护坡 4 种护岸结构型式。

表 4.5-2　护岸结构比选

护岸结构形式	安全性	生态、景观性	工程占地	养护管理	工程投资
浆砌块石挡墙结构	安全耐用，能适应较大的冲击及墙后荷载	河道人工化、硬质化严重，生态及景观效果很差	施工开挖面及影响范围大	便于养护，后期管理成本较低	受人工费用影响，造价较高
钢筋混凝土挡墙结构	安全耐用，能适应较大的冲击及墙后荷载	河道人工化、硬质化严重，生态及景观效果很差	施工开挖面及影响范围大	便于养护，后期管理成本较低	造价较高
高强嵌锁块挡墙结构	在荷载作用下，结构会自我调节适应并变形，削减荷载作用，使墙体结构不易毁坏	透水性好，外立面具有孔隙、阴影结构，生态多样性及景观效果较好	施工开挖面及影响范围小	便于养护，后期管理成本较低	造价较低
仿木桩结构	具备较强的岸坡防护与景观装饰功能	仿木桩间存在缝隙，生态性较好	施工开挖面及影响范围小	便于养护，后期管理成本较低	造价较低

护岸结构形式	安全性	生态、景观性	工程占地	养护管理	工程投资
杉木桩结构	轻型挡土结构，不能适应墙后较大荷载	使用天然生物材料，生态性较好	不需围堰、开挖基坑	易损坏、腐烂，一般使用寿命仅3~8年，长期效益不高	造价较低，建设初期节约投资
"U"形板桩结构	质量稳定、结构坚固耐用	生态、景观性差	不需围堰、开挖基坑	便于养护，后期管理成本较低	造价较高
生态植草砖护坡	具有较好的岸坡防护能力，使岸坡具有整体性与景观装饰功能	透水性好，生态多样性及景观效果较好	施工开挖面及影响范围小	便于养护，后期管理成本较低	造价低
高强联锁块护坡	为预制高强砼砌块，具有一定的稳定性和耐久性	生态性较好；砌块之间的空隙可种植水生或陆生植物，景观性较好	不需围堰、开挖基坑	便于养护，后期管理成本较低	造价较低
全生态自然护坡	水位变动区的植被易退化从而失去护坡作用	自然岸坡，生态性好	仅需削坡、种植植被	便于养护，后期管理成本较低	造价低
聚氨酯生态护坡	耐久性强、结构整体稳定性好，抗冲刷能力强	材料环保性好，对周边水域环境没有任何可以预期的不良影响，并且有利于水域植被生长	施工方便，仅需削坡、种植植被	便于养护，后期管理成本较低	造价低，可利用现场开挖的卵石，减少弃置

（3）护岸结构设计

根据前述断面设计及护岸型式比选，本工程明确了断面和护岸型式。结合河道规模和工程等级进行护岸设计。

根据河道功能定位及周围环境的不同，综合考虑现场实施情况、实施效果等因素，设计护岸主要采用生态及景观效果好的结构，并保留原有生态植草砖结构，将河道护岸结构分成 A 型（高强联锁块护坡）、B 型（杉木桩结构）、C 型（生态植草砖护坡）、D 型（聚氨酯生态护坡）4 种基本型式。

1）A 型护岸结构

工程典型施工断面的堤顶为现状混凝土路面，高程 3.50 m，坡降 1∶2.0；生态护坡的联锁块由专业厂家预制，抗压强度≥20 MPa；坡面下铺设防水土工布，土工布规格 300 g/m^2，渗透系数 5×10^{-2} cm/s。生态护坡联锁块镀锌"T"形锚固棒由专业厂家提供，每 7 块组合使用一根锚固棒。河道现状钢筋混凝土护坡与河底接合部，已设置 C15 埋石砼护脚，采用砂卵石回填，开挖坡降以河道两岸实际情况为准。A 型护岸结构见图 4.5-15。

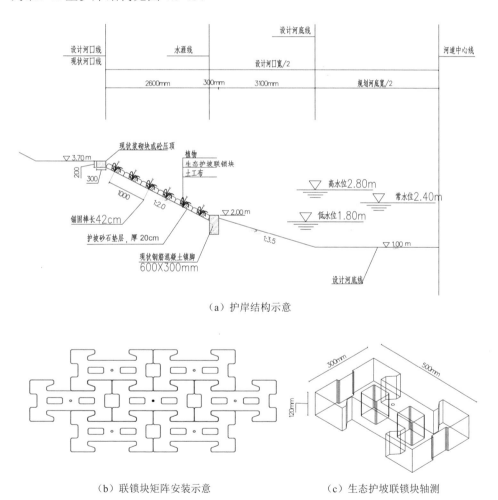

（a）护岸结构示意

（b）联锁块矩阵安装示意　　　　（c）生态护坡联锁块轴测

图 4.5-15　A 型护岸结构

2）B 型护岸结构

排涝河 B 两岸现状为自然土坡，本次规划排涝河 B 河口宽度 16 m，河道两岸通过 150 mm×4 000 mm 规格的杉木桩密排打入来加固护岸，桩顶高程 2.60 m，为防止水土流失，桩后铺设 300 g/m² 规格的无纺土工布。高程 2.10 m 处设置宽 0.5 m 的种植平台，平台以下维持现状，种植沉水植物和布设浮叶植物，规划地面标高 3.6 m，设计坡比 1∶2，边坡撒草籽。B 型护岸施工方便，维护简单，为防止杉木桩腐烂，在安装前刷上一层桐油。B 型护岸结构见图 4.5-16。

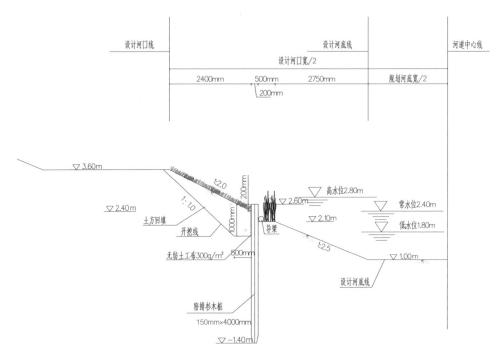

图 4.5-16　B 型护岸结构

3）C 型护岸结构

植草砖具有很强的抗压性，铺设在地面上有很好的稳固性，绿化面积广，能经受行人的踩踏、车辆的辗压而不被损坏，既可以方便人们出行，又可以增加城市的绿化面积、改善空气质量。

本护岸类型主要用于团结河现状植草砖护岸的修复，根据现状植草砖确定生态植草砖结构类型及形状。

护坡坡面植草砖结构采用 12～15 cm 厚空心六角块砼构件，其混凝土强度等级（符号为 C）为 C20 或 C25。空心六角块内填筑种植土或生态砼后植草（或水生植物），块间用 M10[①]水泥混合砂浆勾缝。

C 型护岸结构见图 4.5-17。

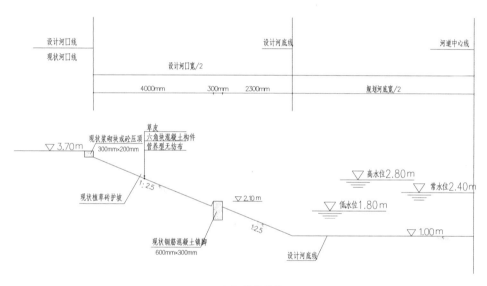

（a）护岸结构

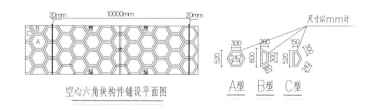

（b）空心六角块构件铺设平面

图 4.5-17　C 型护岸结构

----

① 砂浆（Mortar，M）。

本工程生态植草砖采用混凝土结构，为厂家预制。植草砖结构应符合《混凝土路面砖》（GB 28635—2012）要求。根据设计要求，修整岸坡土基，找平碾压密实，压实系数为95%，并注意地下埋设管线。找平层铺设厚30 mm、粒径0.3～5 mm的级配砂。

4）D型护岸结构

堤岸聚氨酯生态护坡利用环保型堤岸聚氨酯优良的物理力学及黏结性能，将普通碎石（包括卵石）强化整合成一个坚固、稳定、孔隙率高的弹性结构，有很强的抵御水流冲刷能力。该护坡无污染，孔隙率为40%～50%，多孔结构有助于植被生长，并且可以为河流中的底栖生物提供栖息地；还可以增加水中溶解氧的含量，改善水质。

首先在坡底用黏土整平一个 4 m 宽的施工长平台，确保土压缩系数 $c = 30\ \text{MPa}^{-1}$。然后在坡角填埋短桩板墙，桩板墙厚度大于 10 mm，确保板墙伸入黏土部分的深度大于 1 m，露出黏土的部分大于 0.3 m。最后在该平台上填埋一层宽 4 m 的土工布，采用大型起重设备，将碎石放于坡底土工布上，厚度确保高于短桩板墙的高度。也可以采用混凝土梁做镇脚。用黏土或细沙、道渣等将坡面找平，形成坡度 1∶2 或以上的稳定坡面。基底土要达到如下要求：对于完全压实的砂（普氏密度95%以上），$c = 100\ \text{MPa}^{-1}$。对于黏土，建议使用 $c = 30\ \text{MPa}^{-1}$。把土工布覆盖在地基土上，上铺 150 mm 碎石垫层，面层为 150 mm 厚聚氨酯碎石面层（碎石采用 20～40 mm 级配）。D型护岸结构见图4.5-18。

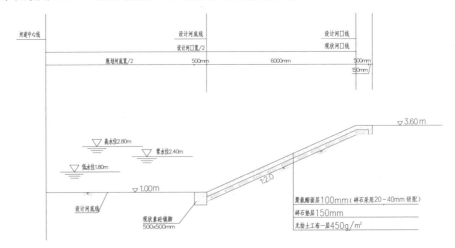

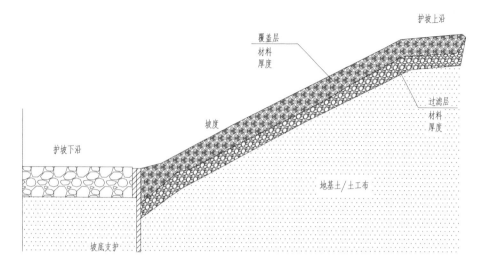

图 4.5-18　D 型护岸结构

为保持河道与周边环境的协调，本着河道生态、美观性原则，在保证河道防洪排涝安全的基础上，打造河道风貌的多样性，营造"清水绿岸"的多样化河道生态环境。

护岸工程主要进行以下几个方面设计：团结河自闸北路至沿江北路两岸的混凝土护坡改造为高强联锁块护坡（A 型），作为改造示范段；排涝河 B 两侧护坡段新建杉木桩结构（B 型）；团结河与通江河现有植草砖段修护破损植草砖（C 型）；通江河自闸北路至沿江北路两岸的混凝土护坡改造为聚氨酯生态护坡（D 型），作为改造示范段。护岸型式功能分布见表 4.5-3。

表 4.5-3　护岸型式功能分布

序号	护岸型式	对应区段	护岸长度/m	工程内容
1	A 型	团结河自闸北路至沿江北路两岸的混凝土护坡	2 204.78	改造为高强联锁块护坡，原挡墙不变
2	B 型	排涝河 B 两侧	1 453.07	新建木桩结构（杉木桩）
3	C 型	团结河、通江河现有植草砖段	3 451.05	修护 5%
4	D 型	通江河自闸北路至沿江北路两岸的混凝土护坡	2 953.00	改造为聚氨酯生态护坡，原挡墙不变

（四）护岸结构计算

本阶段护岸结构计算：边坡整体稳定计算、挡土墙稳定计算、桩基结构计算。依据地勘资料，本阶段设计计算简述如下。

（1）边坡整体稳定计算

1）安全系数

堤防工程边坡稳定安全系数见表 4.5-4。

表 4.5-4　堤防工程边坡稳定安全系数

工况条件	边坡整体稳定安全系数
正常运用条件	1.15
非正常运用条件 I	1.05
非正常运用条件 II	1.00

2）计算原理

根据《堤防工程设计规范》（GB 50286—2013）附录 F，堤坡稳定安全系数 K 计算按瑞典圆弧滑动计算法 [可按式（4-1）计算]。

$$K = \frac{\sum\{[(W \pm V)\cos\alpha - ub\sec\alpha - Q\sin\alpha]\tan\varphi' + c'b\sec\alpha\}}{\sum[(W \pm V)\sin\alpha + M_C / R]} \tag{4-1}$$

式中：W——土条重量，kN；

Q、V——水平和垂直地震惯性力（V 向上为负，向下为正），kN；

u——作用于土条底面的孔隙压力，kN/m²；

α——条块重力线与通过此条块底面中点的半径之间的夹角，（°）；

b——土条宽度，m；

c'、φ'——土条底面的有效凝聚力，kN/m²；有效内摩擦角，（°）；

M_C——水平地震惯性力对圆心的力矩，kN·m；

R——圆弧半径，m。

3）设计活荷载

墙后附加荷载 5 kN/m²，施工期时荷载 10 kN/m²。

4）计算结果

边坡整体稳定计算结果见表 4.5-5。

表 4.5-5　边坡整体稳定计算结果

护岸型式	计算工况	计算值	允许值
A 型	正常运用条件	1.29	1.15
	非正常运用条件 I	1.16	1.05
	非正常运用条件 II	1.20	1.00
B 型	正常运用条件	1.34	1.15
	非正常运用条件 I	1.21	1.05
	非正常运用条件 II	1.26	1.00

根据计算结果可知，本工程边坡整体稳定安全系数均满足规范要求。

（2）挡土墙稳定计算

1）安全系数

采用《堤防工程设计规范》（GB 50286—2013）和《水工挡土墙设计规范》（SL 379—2007）规定的土基地质条件下的安全系数允许值。

2）计算原理

挡土墙基底应力按式（4-2）计算。

$$p_{\min}^{\max} = \frac{\sum G}{A} \pm \frac{\sum M}{W} \tag{4-2}$$

式中：$p_{\min}^{\max}$——挡土墙基底应力的最大值或最小值，kPa；

$\sum G$——作用在挡土墙上全部垂直于水平面的荷载，kN；

$\sum M$——作用在挡土墙上的全部荷载对于水平面平行前墙墙面方向形心轴的力矩之和，kN·m；

A——挡土墙基底面积，m²；

W——挡土墙基底面对于基底面平行前墙墙面方向形心轴的截面矩，m³。

3）挡土墙抗滑移稳定计算

$$K_c = f \sum G / \sum H \tag{4-3}$$

式中：K_c——抗滑稳定安全系数；

　　　$\sum G$——作用于墙体上的全部垂直力的总和，kN；

　　　$\sum H$——作用于墙体上的全部水平力的总和，kN；

　　　f——底板与堤基之间的摩擦系数。

4）挡土墙抗倾覆稳定计算

$$K_o = \sum MV / \sum MH \qquad (4-4)$$

式中：K_o——抗倾覆稳定安全系数；

　　　$\sum MV$——抗倾覆力矩，kN·m；

　　　$\sum MH$——倾覆力矩，kN·m。

5）计算结果

挡土墙稳定计算结果见表 4.5-6。

表 4.5-6　挡土墙稳定计算结果

挡土墙型式	工况条件	K_c		K_o		地基应力/kPa			应力比	
		计算值	允许值	计算值	允许值	平均值	最大值	地基允许承载力	计算值	允许值
A 型	正常运用条件	1.25	1.20	2.91	1.4	56.57	80.06	78	2.42	1.5
	非正常运用条件 I	1.13	1.05	2.26	1.3	55.64	85.22		3.27	2
	非正常运用条件 II	1.14	1.00	2.69	1.3	56.79	82.38		2.64	2

根据计算结果可知，本工程 A 型护岸结构最大地基应力以及应力比均不满足要求，其他均满足规范要求。根据类似工程经验，需进行地基处理，处理方式采用预制方桩作为桩基础，方桩规格 250 mm×250 mm，桩长 6 m，桩间距 1 m。

（3）桩基结构计算

1）计算原理

桩基的计算主要包括以下 3 个方面的内容：桩基上的作用力计算、桩基的变形和受力计算、桩基的承载力计算。

"m" 法假定横向抗力系数 k 值在桩的全长范围内随深度按比例增加，m 为比例系数。

基本假定：单桩受水平荷载时，将土体视为直线变形体，假定深度 x 处的水平抗力 σ_y 等于该点的横向抗力系数 k 与该点的水平位移 y 的乘积，即 $\sigma_y = ky$；横向抗力系数 k 在地面处为零，随着深度 x 成比例增加，即 $k = mx$。

微分方程式为

$$\frac{\mathrm{d}^4 y}{\mathrm{d}x^4} + \alpha^5 xy = 0 \qquad (4\text{-}5)$$

$$\alpha = \sqrt[5]{\frac{mb_0}{EI}} \qquad (4\text{-}6)$$

式中：α——桩在土中的变形系数，m^{-1}；

m——基土的比例系数，相当于 $x = 1$ 时侧臂的横向抗力系数，$\mathrm{mN/m}^4$；

b_0——桩身的计算宽度，m；

EI——桩的抗弯刚度，$\mathrm{kN \cdot m}^2$。

根据《建筑桩基技术规范》（JGJ 94—2008），预制桩的单桩水平承载力为

$$R_h = \frac{\alpha^3 EI}{\upsilon_x} \chi_{oa} \qquad (4\text{-}7)$$

式中：χ_{oa}——桩顶容许水平位移，按 10 mm 计算；

υ_x——桩顶水平位移系数。

2）计算结果

桩基计算结果如表 4.5-7 所示。

表 4.5-7　桩基计算结果

断面型式	计算工况	底板水平位移/mm	"m" 法计算结果					
			第一排桩			第二排桩		
			轴力/kN	剪力/kN	弯矩/kN·m	轴力/kN	剪力/kN	弯矩/kN·m
A 型	正常运用条件	7.076	77.758	8.863	51.799	27.131	9.786	27.798
	非正常运用条件 I	5.891	71.686	7.326	43.564	32.838	8.114	23.276
	非正常运用条件 II	6.034	73.479	6.779	43.744	41.038	7.450	23.683
	桩基承载力设计值/kN		154.26			103.54		

由以上计算结果可知，本工程桩基计算结果满足规范要求。

（五）工程量统计

对应河道不同区段，采取改造、新建、修护等不同措施和方式。各项护岸工程的工程量统计见表 4.5-8。

表 4.5-8　护岸工程的工程量统计

护岸型式	方式	长度/m	备注
A 型	改造	1 105.22	—
		1 099.56	
B 型	新建	724.53	
		728.54	
C 型	修护	862.49	需修护面积占比 5%
		868.28	
		861.71	
		858.57	
D 型	改造	1 475.89	改造面积总计 8 628.4 m^2
		1 477.11	

六、控源截污工程

规划范围内河道周边主要为厂区，厂区污水已完成截污纳管，现场调查中所见河道内的排口主要为雨水口，监测系统数据表明，雨水及清下水排口对河道的污染未见明显升高。

河道两侧基本为厂区，面源污染主要来自降雨造成的地表径流污染，因此首先应加强两侧河岸底层绿化使其成为缓冲带，其次重点对丰产河部分河段做"海绵化"处理。

（一）设计思路

在"海绵城市"的大背景下，将河道水生态修复与"海绵城市"建设相融合，运用城市降雨径流控制（LID-BMPs）技术，增强城市"海绵体"功能，消纳自身雨水，净化初期雨水，同时为河道提供优质的补水。鉴于场地条件限制，对丰产河进行植草沟设计。植草沟作为LID-BMPs技术重要措施，兼具景观和生态功能，实现小汇水面积雨水的净化、滞留、渗透和排放。

（二）植草沟设计

（1）基本功能

植草沟是通过模拟自然绿地而人为设计和建造的具有可控性和工程化特点的海绵设施。主要功能包括转输雨水径流、雨水径流滞蓄、径流污染物削减、补充地下水。

植草沟建设利用沟渠和植物的协同作用来实现雨水的收集、转输以及净化，是实现径流总量控制、污染物总量削减、洪峰延缓、地下水补充的重要技术手段。在气候温和、雨量充沛、河网密布、城镇化进程较快的地区，植草沟可以发挥重要作用。

（2）基本结构

植草沟由上至下依次设置蓄水层（20 cm）、种植土层（20 cm）、素土夯实层。植物配置上采用乔灌草结合的方式，主要配置金桂、红叶石楠、云南黄馨、波斯菊、观赏草、马尼拉草等植物。植草沟结构见图4.6-1，植草沟示例见图4.6-2。

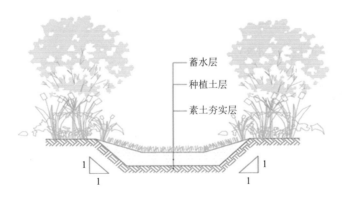

蓄水层
种植土层
素土夯实层

图 4.6-1 植草沟结构

图 4.6-2　植草沟示例

在给定设计进出水水质的基础上，根据各污染物目标去除率，按表 4.6-1 可查得植草沟与集水区面积比 $R1$ 值。

表 4.6-1　各污染物目标去除率与 $R1$ 对应关系

TSS		TP		TN	
目标去除率/%	$R1$/%	目标去除率/%	$R1$/%	目标去除率/%	$R1$/%
87	0.5	60	0.5	10	0.5
90	1	63	1	12	1
92	1.5	66	1.5	15	1.5
94	2	68	2	17	2

注：TSS 为水体中非溶解性固体悬浮物的总量；TN 为总氮。

植草沟面积可按式（4-8）计算。

$$a=R_x\times A \tag{4-8}$$

式中：a——植草沟面积，m^2；

　　　R_x——控制性目标污染物去除率所对应的 $R1$ 值，%；

　　　A——集水区面积，m^2。

（3）布设位置

经调研发现丰产河两岸环境较复杂，主要面源污染来自城市道路和绿地地表径流污染。针对丰产河南侧大面积地表黄土裸露现象，为减少泥沙入河和降低丰富景观效果，在该侧沿江大道至闸南北路西侧小桥段布置生态植草沟，经植草沟滞留、过滤净化后排入丰产河。植草沟面积约 3 798 m^2。

七、人工曝氧工程

（一）设计思路

河水中溶解氧（DO）是反映水体污染状态的一个重要指标，受污染水体溶解氧的变化过程反映了河流的自净过程。因此，水质保障的前提是河道水体有充足的氧气。水体溶解氧较低的河道通常采用人工曝气的方式加速水体复氧的过程，提高水体的溶解氧水平，恢复和增强水体中好氧微生物的活力，水体中的污染物得以净化，从而改善河流的水质。

河道曝气设计应该遵循的原则：与相关规划相协调，远近结合，既要保证在现实条件下，又要保证在远期规划条件下能正常运行；满足河道水质改善的要求，景观效果和净化效果并重；便于施工和后期运营维护，经济节能，对周边环境和居民影响小。

（二）目标

针对团结河、丰产河和区内河 3 条河道不同监测点位存在溶解氧低，且因悬浮物量较大而水体表现浑浊，透明度较低的问题，本工程以提高水体溶解氧恢复河道自净能力为主要目标，具体工程包括在团结河、丰产河和区内河布设太阳能曝气机，增加水体溶解氧。

（三）曝气机选型及布置

人工增氧是城市水环境生态修复的重要措施，被广泛应用于水体富营养化治理。人工增氧可通过一定的增氧设备，增加水体溶解氧，加速河、湖水体和底泥微生物对污染物的分解，为水体中各种水生动物呼吸提供氧气，促进系统生物多样性的发展。

河道曝气方式和曝气设备的选择对提升河道水体水质具有重要意义，城市河道曝气增氧方式通常有水车式增氧、叶轮式增氧和射流式增氧等。

结合水质保障、周边规划和经济节能要求，考虑到河道两侧没有多余空地，无法设置风机等曝气设施的情况，拟选择太阳能增氧机作为本工程的增氧设备。选择这种设备可以以太阳能为动力，无须岸上供电设备及电缆设施等，经安装调试完成后无须人工值守，系统正常运行期间无须电等能源消耗。

（1）基本功能

太阳能曝气机是由太阳能光伏板、蓄电池组、曝气系统和控制系统等组成的。太阳能曝气机通过太阳能光伏板将太阳能转化为电能，储存于蓄电池中，作为曝气设施的动力，并通过控制系统完成自动化控制，自动运行曝气设施。

太阳能曝气机主要用于增加河道溶解氧，并利用框体下荷载的弹性填料实现有机物的初步降解等反应，对底泥性状改善也有很大益处。

本工程所用的太阳能系统除可进行增氧外，也可通过自身配载的内循环系统实现河水推流，水泵在太阳能光伏板所产生的电能的驱动下，通过抽送河水，可保持河道水体以微流动的状态流动，且对河道底层扰动较小，不会产生底泥上浮等问题。

（2）基本结构

选用的太阳能曝气机的功率为 370 W，单体面积为 15 m^2，氧利用率≥25%，曝气量为 56 m^3/h，影响 350 m^2 范围内的水域。曝气采用微曝方式，充氧效率高且噪声小，无须敷设电缆，造价低。微曝管位于水面以下 70 cm 处，可避免水体过度扰动，防止底泥上扬，避免恶臭现象的发生。利用光伏效应原理制成的太阳能电池，白天太阳能电池板接收太阳能辐射能并将光能转化为电能输出，经过充放电控制器储存在蓄电池中，当照度逐渐降至 10 lx 左右、太阳能电池板开路电压为 4.5 V 左右时，充放电控制器在侦测到这一电压值后开始作业，蓄电池对用电负载放电，继续进行曝气充氧。水体内循环系统包括潜水泵和输水管道等，水泵通过光伏板供电驱动，通过输水管输送以使河道水体保持微流动。

选用的太阳能曝气机与生物填料草框组合成 5.0 m×5.0 m 规格的框体结构，中间放置 4 块 0.992 m×1.650 m 规格的太阳能板和 1 台曝气装置（由专业人员进行安装固定），周边为生物填料草框。框体材料为 PVC 管（DN110），每个单体为面积 1.2 m^2 的环形框体，通过弯管连接成密闭图形，各环形单体形成一个框架整体。

框架四周垂直打入 4 根 3 m 长的 DN50 镀锌钢管，用绳索将框体和镀锌钢管连接起来，对框架位置进行固定。镀锌钢管露出常水面 0.3～0.5 m。PVC 管道上绑上网格状绳索，网格间距 0.2 m，用以悬挂生物填料。生物填料有效长度 1.0 m、间距 0.2 m，上端绑扎在网格节点处，下端悬挂铅垂，起到拉直和固定的作用，避免出现纠结在一起的状况。

框架结构内种植粉绿狐尾藻、香菇草等挺水植物，起到美化环境和吸收氮磷的双重作用，并用框体将挺水植物进行围隔，防止其在水面上泛滥。太阳能曝气设备平面和剖面分别如图 4.7-1 和图 4.7-2 所示。

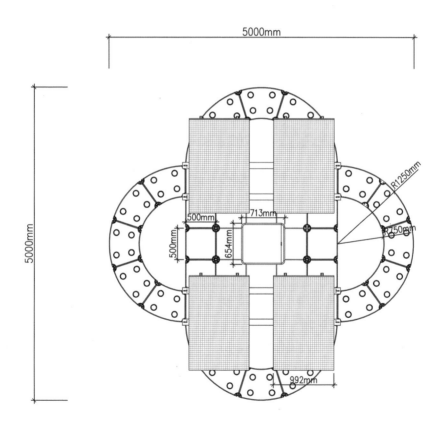

图 4.7-1 太阳能曝气设备平面

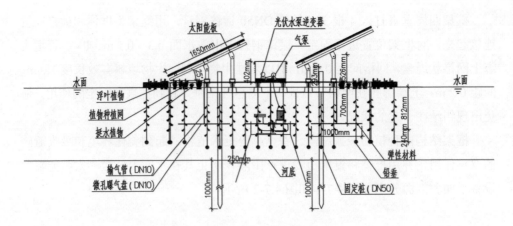

图 4.7-2　太阳能曝气设备剖面

（3）布设位置

河道治理需氧量（Q_0）计算：

$$Q_0 = V \times [0.7 + 1.7(C_{0COD} - C_{eCOD}) + 4.57(C_{0NH_3-N} - C_{eNH_3-N}) + 1.2(C_{0DO} - C_{eDO}) \quad (4\text{-}9)$$

式中：V——治理水量（河长×河宽×水深），m^3；

　　　C_0、C_e——分别为治理前和要求达到的标准浓度，mg/L。

太阳能曝气机数量（n_0）计算：

$$n_0 = \frac{Q_0}{w \times P \times t \times m \times 25\% \times 10^3} \quad (4\text{-}10)$$

式中：w——氧传输效率，%，取值 25%；

　　　P——曝气增氧机功率，kW；

　　　t——曝气增氧机每天工作时间，h；

　　　m——要求工作 m 天后治理河道各断面水层溶解氧达到《地表水环境质量标准》（GB 3838—2002）Ⅲ类水质标准以上。根据团结河、丰产河和区内河河道水体水质、水量和太阳能曝气机的供气量等参数进行计算，河道水体需氧量计算结果如表 4.7-1 所示。

表 4.7-1　河道水体需氧量计算结果

序号	河道水体需氧量等其他参数计算	数据	单位
1	团结河水体需氧量	57.478	kg
2	丰产河水体需氧量	1 339.310	kg
3	区内河水体需氧量	127.266	kg
4	曝气机功率	0.37	kW
5	曝气机氧传输率	0.35	kg/kW·h
6	曝气机实际运行时间	12.0	h
7	水体氧利用率	25	%
8	团结河曝气机数量	24	套
9	丰产河曝气机数量	80	套
10	区内河曝气机数量	30	套

太阳能曝气机放置位置在考虑现场采光条件的基础上，基本采用平均分布，每隔 50 m 布置一套，具体位置在实施时可以根据当时的具体条件进行微调，调整位置须经过设计人员同意。

八、絮凝沉降措施

（一）设计思路

为改善河道水环境，提高水体透明度，并为沉水植物提供种植条件，于沉水植物种植前通过投放少量的絮凝剂［如改性硅藻土（PDE）等］来加速河道悬浮物等物质的凝聚、沉降。

（二）原理及方法

硅藻土是一种天然多孔材料，基于硅藻的生物特性，硅藻土具有独特的微孔结构，因为硅藻具有质轻、比表面积大、孔隙率高、吸附能力强等特点，广泛应用于轻工、化工、建材、石油及水处理等行业。

硅藻土过滤一直广泛用于水体处理，工业废水和城市生活污水的排放造成了严重的环境污染，因此废水和污水处理都是热点问题。PDE 具有大量的有序排列微孔，具有很强的吸附力和很大的吸附容量，且化学性质稳定，在处理工业废水和生产饮用水方面具有广泛的应用价值。

本工程设计采用 PDE 作为河道絮凝沉降材料，利用自动撒药船根据各河道水体实际情况设置用量并进行均匀投放。

（三）工程布置

（1）主要功能

用自动撒药机装置（图 4.8-1）自带的发电机提供电力能源，工作方便快捷。投药设备采用自动投料机，可根据治理需要设置用药量，自动投料机投放较人工投放更精准，且减少了由工人频繁与药物接触带来的种种负面影响，保障了操作过程中工人的人身安全。工作平台自带挂桨机等动力设施，于大水体施工中这些设施更快速便捷，提高了工作效率，在投药前经过曝气搅拌等环节，提升了药物投加后的治理效果。

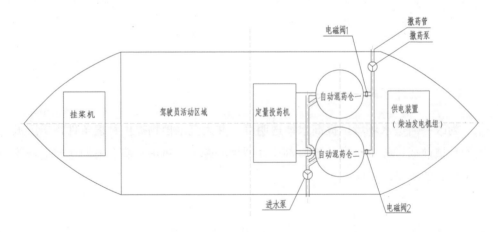

图 4.8-1   自动撒药机装置原理

（2）基本结构

船型浮体装置为不锈钢材质，经剪裁焊接后成型，船体舱内设柴油发电机、定量投药机等设备的放置空间，所有设备通过卡槽固定于舱内，舱内设检修孔，方便设备安置和检修。船型浮体装置内依次设连通的电机仓、加料仓、曝气搅拌仓和药物投放仓，所投放的药物经自动计量、搅拌后投入水体，以发挥最好的净化效果。

（3）工程量

根据场地实际情况和距离，整个工程水域配备 2 台自动撒药机装置。

（四）安全性评估

本项目选用的絮凝剂主要为 PDE。硅藻土是一种天然的矿物材料，是古代单细胞低等植物硅藻遗体堆积后，经初步成岩作用形成的生物硅质岩，其成分中有80%～90%的二氧化硅（SiO_2），具有廉价易得且无毒的特点。硅藻土天然的多孔特性使其成为首选的絮凝和吸附材料的改良原料，广泛应用于生活污水和工业废水处理，具有较好的除臭、脱色效果，且无二次污染。另外，硅藻土也常用于初期雨水、黑臭河水、富营养化湖水的悬浮物去除以及脱氮除磷，与常规混凝剂相比，PDE 出水更为清澈透亮，除磷效果更好，污泥沉降性能好，污泥量少，在成本与生态安全性方面具有明显优势。

为准确控制絮凝物质投放量，以达到更好的河道治理效果，利用自动撒药机装置在沉水植物种植前根据各河道水体水质实际情况进行少量投放，在投放之前应进行絮凝剂投加安全性评估，即通过烧杯絮凝试验，具体方法是采集典型河道断面处的河水，投加不同浓度的絮凝剂，每个浓度下做 3 组平行试验，计量污染物絮凝沉淀所需时间以及最佳投加量，以最佳投加量确定自动撒药船的投放参数，保证絮凝剂投加不过量，并达到最佳絮凝效果。

采用自动撒药机装置，最大可能地降低了由工人频繁与药物接触带来的种种负面影响，保障了操作过程中工人的人身安全。

九、水生态系统构建工程

（一）设计思路

水生动植物是构建水生态系统的基础，对驳岸改造后的河道全面构建"草型清水态"水体。水草悠悠丛生，布满水底，鱼虾螺贝"嬉戏"水中，睡莲点点飘香，一片生机勃勃的生态美景，同时提高了水体的抗污染和自净能力。清澈见底的水中，倒映着沿岸景观，水下沉水植被能很好地与现有绿化景观遥相辉映，更好地体现出人与自然的和谐美好，护坡带的挺水植物对水流冲刷还具有减缓作用。

（二）工程措施

① 团结河、通江河、丰产河、区内河、排涝河 A：结合河道深度，于整个河道内种植沉水植物。

② 排涝河 B：沿缓坡根据水深加深逐步恢复挺水植物、浮叶植物和沉水植物。

③ 水质较差的通江河和区内河：利用生态浮床配合水下填料进行水环境改善。

④ 沉水植物种植之前投放适量肉食性鱼类，如乌鳢等，以减少草食性鱼。

⑤ 在水环境改善后期，投放一定量的底栖生物，如河蚬、环棱螺、无齿蚌和日本沼虾等，以构建稳定、完整的生态系统。

（三）挺水植物构建

挺水植物可吸收并净化污水中的营养盐成分从而控制水体的富营养化，并对同水域藻类的生长起到抑制作用。挺水植物个体大，存活率高，吸收养分能力强，生长、繁衍也较有保障，藻类缺乏生长所需要的物质就会大量死亡。

（1）植物选择

用于河道生态治理的挺水植物，一般应选择具有耐污、抗污、治污，株高较小、不易倒伏，容易管理，对氮磷有较强吸收作用的特点以及四季常绿或驯化后具有一定的美化景观效果和经济价值的植物，如荸荠、莲蓬、慈姑和水芹等。受综合景观效果和水位变化等因素影响，挺水植物选用再力花、水生美人蕉、西伯利亚鸢尾、黄菖蒲等，以适应水位变化，并形成具有一定景观效果的生态护岸。选用的挺水植物种类见表 4.9-1。

表 4.9-1 选用的挺水植物种类

序号	名称	示意图	特性
1	再力花		多年生宿根挺水植物；叶卵状披针形，浅灰蓝色，边缘紫色，长50 cm，宽25 cm。复总状花序，花小，紫堇色；全株附有白粉；花柄可高达2 m以上，细长的花茎可高达3 m，茎端开出紫色花朵，像系在钓竿上的鱼饵，形状非常特殊；再力花对环境的适应能力较强，其生长对污水承受能力较好
2	水生美人蕉		多年生宿根挺水草本植物，高可达1.5 m；地上枝丛生；单叶互生，具鞘状叶柄；叶片卵状长圆形；总状花序，花单生或对生；花色丰富，花、果期3—12月；根系具有一定的耐污能力，其生长喜肥沃环境，发达的根系能大量吸收养分
3	西伯利亚鸢尾		多年生草本植物，植株基部围有鞘状叶及老叶残留的纤维；花蓝紫色；外花被裂片倒卵形，上部反折下垂，内花被裂片狭椭圆形或倒披针形，直立；花期4—5月，果期6—7月；具有较强的吸收和富集营养物和重金属的能力，近年来经常用于河道治理和景观美化
4	黄菖蒲		多年生湿生或挺水宿根草本植物，植株高大，根茎短粗；叶子呈长剑形，中肋明显，并具横向网状脉；花茎稍高出于叶，垂瓣上部长椭圆形，基部近等宽，具褐色斑纹或无，旗瓣淡黄色，花期5—6月；适应性强，叶丛、花朵特别茂密是各地湿地水景中使用较多的花卉

（2）布设位置

为软化驳岸线条并营造优美的河道水岸线，为动物提供良好的栖息地，综合考虑水深及护坡型式，主要于排涝河 B 沿缓坡种植挺水植物（常水位线上下 30 cm 范围）。种植密度 25 株/m²。

（3）工程量统计

挺水植物工程量统计见表 4.9-2。

表 4.9-2　挺水植物工程量统计

序号	河道名称	种植方式	植物种类	种植密度/（株/m²）	工程量/m²
1	排涝河 B	间植	水生美人蕉	25	350
			再力花	25	415
			西伯利亚鸢尾	25	395
			黄菖蒲	25	350
			小计		1 510

（四）沉水植物构建

沉水植物净化水质的功能非常强大。沉水植物根茎能吸附、分解、吸收水体营养物质，分泌物及叶片可使水体中的悬浮颗粒与胶体絮凝、沉淀，可快速提高透明度，从而大大改善水体中下层光照条件。沉水植物的光合作用及水底光照条件的改善使溶解氧增加，遏制了一些厌氧条件下的有机物分解反应。沉水植物还是浮游植物强有力的竞争者，某些水生植物根系能分泌出化学信息素，可有效地遏制藻类的恶性增殖，避免水华发生。在沉水植物的根圈上还会栖生小型动物，如水蜗牛，它们以藻类为食。

（1）植物选择

为保证河道行洪功能和适应河道透明度低、水质差的条件，沉水植物构建中选择耐污力强、矮生型、具有弱光性的种类，特别要考虑尽量不明显增加行洪期河道的糙率，因此主要选择矮生苦草、伊乐藻两个种。沉水植物种类见表 4.9-3。

表 4.9-3 沉水植物种类

序号	名称	示意图	特性
1	矮生苦草		多年生无茎沉水草本，有匍匐枝；叶基生，线形，绿色，薄而透明；高矮因水的深浅而定，适应性强；通常作为沉水植物先锋种加以应用，且具有一定的耐寒性，能耐 2 m 以内的水深，较适应河道生长环境
2	伊乐藻		于 1986 年从日本引进，茎可长达 2 m，具分枝；芽孢叶卵状披针形，排列密集；叶 4～8 枚轮生，无柄，膜质，狭线形或线状长圆形，长 1～1.5 cm，宽约 2 mm，具 1 脉，全缘或具小锯齿；适应性强，只要水上无冰即可栽培，在寒冷的冬季，能够以营养体越冬，当苦草和轮叶黑藻尚未发芽时，该草已经大量生长，四季常绿

（2）位置布设

通过上述工程措施，在水体质量有一定提高的基础上，种植沉水植物，种植密度 100 株/m²，株高 0.4～0.5 m。结合河道水深不足 2 m 的情况，本项目中沉水植物采用满河道布置，并按植物种类分片区以 200 m 的间距连续种植。

（3）工程量统计

沉水植物工程量统计见表 4.9-4。

表 4.9-4 沉水植物工程量统计

序号	河道名称	种植方式	植物种类	种植密度/（株/m²）	工程量/m²
1	团结河	片区	矮生苦草	100	16 857
		片区	伊乐藻	100	16 271
		小计			33 128
2	通江河	片区	矮生苦草	100	17 789
		片区	伊乐藻	100	18 568
		小计			36 357

序号	河道名称	种植方式	植物种类	种植密度/ （株/m²）	工程量/m²
3	丰产河	片区	矮生苦草	100	20 871
		片区	伊乐藻	100	17 651
	小计				38 522
4	区内河	片区	矮生苦草	100	15 988
		片区	伊乐藻	100	12 063
	小计				28 051
5	排涝河 A	片区	矮生苦草	100	4 423
		片区	伊乐藻	100	5 959
	小计				10 382
6	排涝河 B	片区	矮生苦草	100	3 336
		片区	伊乐藻	100	3 769
	小计				7 105
7	总计				153 545

为防止沉水植物枯萎期因打捞不及时或暴雨冲刷造成河道闸泵站水草堆积堵塞排口，影响排水效果，在现有排涝闸泵站前均设挡草格栅。共设挡草格栅数量10个。挡草格栅位置及大小汇总见表4.9-5。

表4.9-5   挡草格栅位置及大小汇总

序号	河道名称	位置	底宽/m	口宽/m	高/m
1	团结河	团结闸东侧	12.0	26.0	2.7
2		张邱闸站东侧	12.0	26.0	2.7
3		张邱闸站西侧	12.0	26.0	2.7
4	通江河	排涝二闸站东侧	16.0	26.0	2.6
5		诸港闸东侧	16.0	26.0	2.6
6		诸港闸西侧	16.0	26.0	2.6
7	丰产河	排涝一闸站东侧	9.0	21.0	2.5
8	排涝河 B	新建闸东侧	10.0	18.0	2.6
9	排涝河 A	新建闸东侧	6.0	16.0	2.8
10	区内河	老段港闸东侧	19.0	31.0	2.7

（五）浮叶植物构建

（1）植物选择

浮叶植物吸附重金属、TP 和总氮（TN），对净化水体有明显的效果。浮叶植物可增加溶解氧，遏制了一些厌氧条件下的有机物分解反应。品种主要选择睡莲，生长在水深 1.5 m 的范围内，见表 4.9-6。

浮叶植物宜采用框养，且种植框底部宜铺设一层网目长度为 2～5 cm 的渔网，以防浮叶植物在风浪较大或河水流速较快时冲出框外。种植密度以 20～30 株/m² 为宜。浮叶植物引种时切忌将生有稻飞虱、蚜虫等病虫害的植株带入治理河道。浮叶植物种类如表 4.9-6 所示。

表 4.9-6　浮叶植物种类

序号	名称	示意图	特性
1	睡莲		多年生浮叶型水生草本植物，根状茎肥厚，直立或匍匐；叶二型，叶浮生于水面，圆形、椭圆形或卵形，先端钝圆；花色丰富；对水体中的 TP、TN 有明显的削减作用；从不同生长时期来看，盛花期对水体中 TP、TN 的削减能力最强，净化水质的能力也最强

（2）位置布设

浮叶植物种植面积宜为治理河道水域面积的 10%～15%，本项目在排涝河 B 沿河道两岸斑块化布置浮叶植物，布置间隔 50 m，面积约 206 m²。

（六）生态浮床

（1）设计思路

生态浮床的主要功能是利用浮床的浮力承托水生植物，让水生植物得到一个固定的区域进行生长，由此水生植物通过发达的根系吸收水体中的富营养化物质，降低水体中有机物和营养物质的含量，同时人工营造一个良好的动物、微生物生长环境，提高水体的自净能力，从而修复水生态系统。针对通江河和区内河水质较差的情况，除布置太阳能曝气外，在河内增设生态浮床，增强净化效果。

（2）基本结构

生态浮床采由生态浮盘单体组合形式，生态浮盘单体为高密度聚乙烯（HDPE）材质，具有密封防水、抗氧化性和抗寒性好的特点，生态浮盘单体规格 500 mm×500 mm×40 mm，每块浮盘含 9 个直径 80 mm 的种植孔，通过单体边缘的卡扣相互连接，每 4 个生态浮盘通过卡扣拼接为面积 1 m² 的生态浮床，具有布设快捷、形状多变的优点。

生态浮床只是通过框体自身的浮力作用而悬浮于水面，因此需要通过木桩固定。设计通过直径 50 mm、长度 3 m 的镀锌钢管对浮床进行固定，钢管浮出水面 10～20 cm，其余部分打至水中，要求埋入地基 1 500 mm，作为固定桩牵引固定生态浮床。

（3）布设位置

生态浮床覆盖度根据水体污染水平、净化要求、水体规模和使用功能等的情况确定，一般覆盖度为 20%～30%；以景观为主要目的的浮岛，至少应在视角10%～20%的范围内布设生态浮床。本项目生态浮床主要布设于通江河和区内河，通江河布设面积约 3 420 m²，区内河布设面积约 2 060 m²，每组浮床面积为 60～80 m²，每隔 20～30 m 布置一组，具体组合形式详见图 4.9-1。

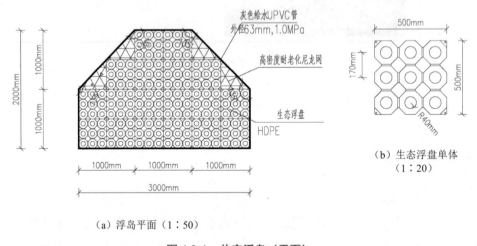

（a）浮岛平面（1:50）

（b）生态浮盘单体
（1:20）

图 4.9-1　单座浮岛（平面）

注：UPVC 为硬 PVC；R 为半径。

（七）水生动物投放

（1）设计思路

在水体水质得到有效提高的基础上，通过投加水生动物的方式构建河道完整的生态系统，以实现河道内生态系统恢复和动态平衡。

在沉水植物种植前，投放适量的肉食性鱼类，如乌鳢等，通过增加肉食性鱼类以减少草食性鱼类。在水环境改善后期，投放一定量的底栖生物，如河蚬、环棱螺、无齿蚌和日本沼虾等，以构建稳定、完整的生态系统，使其恢复成健康的水生态系统。

（2）投放种类和数量

结合调研结果，投放底栖动物、虾类、肉食性鱼类等多种类生物，以逐渐恢复河道内生物链的完整性。投放的螺、河蚌等贝类，其滤食作用可降低河道氮磷含量，并且能够富集铜（Cu）、锌（Zn）等元素，每亩投放密度为100～200斤[①]，河蚬、环棱螺、无齿蚌和日本沼虾的投放比例为1：1：1：1。投放乌鳢等肉食性鱼类以控制浮游生物中草食性鱼类的数量，达到生物量合理调控的目的，投放密度50～100尾/亩，投放规格为500 g/尾。计划投放生物种类及数量见表4.9-7。

表4.9-7　计划投放生物种类及数量

品种	单位	数量	规格	食性
团结河				
乌鳢	kg	1 800	500 g/尾	其他小鱼
环棱螺	kg	900	成体	藻类、有机碎屑
河蚬	kg	900	成体	藻类、有机碎屑
无齿蚌	kg	900	成体	藻类、有机碎屑
日本沼虾	kg	900	幼体	鱼、蚌肉、田螺肉等
小计	kg	5 400		
通江河				
乌鳢	kg	2 000	500 g/尾	其他小鱼
环棱螺	kg	1 000	成体	藻类、有机碎屑
河蚬	kg	1 000	成体	藻类、有机碎屑

---

① 1 亩≈0.066 7 hm²；1 斤=0.5 kg。

品种	单位	数量	规格	食性
无齿蚌	kg	1 000	成体	藻类、有机碎屑
日本沼虾	kg	1 000	幼体	鱼、蚌肉、田螺肉等
小计	kg	6 000		
丰产河				
乌鳢	kg	2 500	500 g/尾	其他小鱼
环棱螺	kg	1 025	成体	藻类、有机碎屑
河蚬	kg	1 025	成体	藻类、有机碎屑
无齿蚌	kg	1 025	成体	藻类、有机碎屑
日本沼虾	kg	1 025	幼体	鱼、蚌肉、田螺肉等
小计	kg	6 600		
区内河				
乌鳢	kg	1 600	500 g/尾	其他小鱼
环棱螺	kg	800	成体	藻类、有机碎屑
河蚬	kg	800	成体	藻类、有机碎屑
无齿蚌	kg	800	成体	藻类、有机碎屑
日本沼虾	kg	800	幼体	鱼、蚌肉、田螺肉等
小计	kg	4 800		
排涝河 A				
乌鳢	kg	580	500 g/尾	其他小鱼
环棱螺	kg	290	成体	藻类、有机碎屑
河蚬	kg	290	成体	藻类、有机碎屑
无齿蚌	kg	290	成体	藻类、有机碎屑
日本沼虾	kg	290	幼体	鱼、蚌肉、田螺肉等
小计	kg	1 740		
排涝河 B				
乌鳢	kg	560	500 g/尾	其他小鱼
环棱螺	kg	270	成体	藻类、有机碎屑
河蚬	kg	270	成体	藻类、有机碎屑
无齿蚌	kg	270	成体	藻类、有机碎屑
日本沼虾	kg	270	幼体	鱼、蚌肉、田螺肉等
小计	kg	1 640		
总计	kg	26 180		

　　购买活体鱼类、贝类生物，计算一定面积投放的数量，进行混合后，先监测河道内水质情况，符合投放标准后，再均匀地将活体生物投放至河道水体中，在养护期间加强巡视观察，禁止他人下网捕捞。

十、景观绿化工程

（一）设计理念

以"崇尚自然、尊重生态"为理念，景观绿化设计的重要任务是美化和改善河岸环境，打造瑰丽多姿的滨水生态廊道，筑造恬静舒适的环境。

（二）设计目标

以植物造景为主，整体为简约自然的风格，模拟自然，尊重和利用部分原生态植物，达到人工与自然的和谐统一；局部通过精美细致的植栽设计和丰富多彩的植物群落组合，打造"碧水花海"的生态河岸景观亮点。

主要体现在 3 个方面：沿河绿道选用透水铺装（青石板、透水砖、鹅卵石铺装、碎石铺装等，从源头将雨水留下来，"渗"下去）；重要观景点设置亲水平台及栈道，与周围环境相融合；局部设置湿地和木栈道，进行雨水收集渗透处理。

（三）设计依据

《城市绿地设计规范》（2016 年版）（GB 50420—2007），《园林绿化工程施工及验收规范》（CJJ 82—2012），《城市绿化条例》（2017 年 3 月第二次修订），《国家湿地公园建设规范》（LY/T 1755—2008），《公园设计规范》（GB 51192—2016），业主方提供的测量资料，相关规划资料，现场调查和收集的设计基础资料。

（四）河道景观总体设计

绿化整体以简约自然的风格展现河道景观，以植物造景为主，营造四季不同的景观效果，力求打造水清岸绿、具有生态魅力的河道景观。对河道周边缺失的绿化带进行修补和完善，并加强底层绿化缓冲带设计，重点对排涝河 B 进行设计。

排涝河 B 东侧由于无护岸，有河水漫滩现象，利用现有绿地空间、结合驳岸及平台重点对排涝河 B 东侧进行河漫滩湿地设计，分段设置特色主题，打造河道亮点。植物景观突出一季，兼顾三季。图 4.10-1 为河道景观总体设计意向。

图 4.10-1   河道景观总体设计意向

（五）景观分区

根据区位分析结合周边环境需要，为排涝河 B 打造出一条沿河的慢行步道，将生态通廊的活动空间与水体交织串联起来，为周边提供多元化的滨水游憩场所。

设计体现简约自然的绿化风格。河道局部打造主题亮点，重点打造"水边花外""岸芷拾趣""花径幽台""碧水花田"等节点。以植物造景为主，营造四季不同的景观效果，力求打造水清岸绿、具有生态魅力的河道景观。植物景观突出一季，兼顾三季。

排涝河 B 南端一节点，以"水边花外"为主题，主要选用观赏价值高的观花植物，如樱花、郁金香等，辅以女贞、垂柳等大乔木，打造"水边花外"的景观效果（图 4.10-2）。

图 4.10-2   排涝河 B 南端一节点设计意向

排涝河 B 二节点，以"岸芷拾趣"为主题，主要以低洼地形成的浅滩为中心点营造自然湿地效果，辅以观赏草、挺水植物、浮叶植物等，打造湿地野趣（图 4.10-3）。

图 4.10-3　排涝河 B 二节点设计意向

排涝河 B 三节点，以"花径幽台"为主题，主要选用香樟、合欢、水杉为骨干树，点缀红叶李、木槿等色叶开花乔木，配合开花灌木、水生植物，游人通过步道及亲水平台穿行其间，打造"花径幽台"的景观效果（图 4.10-4）。

图 4.10-4　排涝河 B 三节点设计意向

排涝河 B 北端四节点，以"碧水花田"为主题，主要选用栾树、香樟等为骨干树，配合观花地被及水生植物，打造出"碧水花田"的植物景观（图 4.10-5）。

图 4.10-5　排涝河 B 北端四节点设计意向

（六）绿化设计

（1）种植分区

种植设计在坚持风格统一的前提下丰富植物种类，做到三季有花、四季常青，观赏性方面在兼顾春景、冬景的前提下突出夏秋景观，不同区域根据位置及功能差异突出不同的季相特色。根据物种的生态位原理实行乔、灌、藤、草、地被植被及水面植物相互配置措施，并且选择各种类型植物（针阔叶、常绿落叶、湿生水生等）以及高度和颜色、季相变化不同的植物，充分利用空间资源，建立多层次、多结构、多功能的科学植物群落，构成一个稳定且长期共存的复层混交立体景观。

1）排涝河 B 种植设计

排涝河 B 东侧种植设计主要采用乔、灌、藤、草多重植物群落配置方式，主要种植大乔木、小乔木、灌木、地被植物等，绿化面积约 5 555 m²。排涝河 B 东侧绿化平面效果见图 4.10-6。

对排涝河 B 西侧自然式护坡进行底层缓冲带植物种植，主要种植马尼拉草等，种植面积约 3 504 m²。

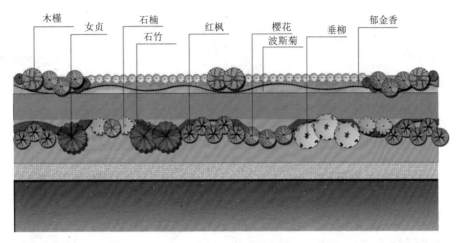

图 4.10-6 排涝河 B 东侧绿化平面效果

2）其他河道陆域绿化

目前河道两岸市政绿化较完整，只有通江河和丰产河局部段绿化缺失，为保持河道整体风貌的一致性，选用现场植栽的树种和种植形式进行补充。通江河绿化种植面积约 962 m²，丰产河绿化种植面积约 2 042 m²。

3）其他河道斜坡绿化

对团结河、通江河现有植草砖护坡、改造高强联锁块护坡和改造聚氨酯生态护坡进行草本植物种植，主要种植香菇草、马尼拉草等，团结河植草面积约10 018 m²，通江河植草面积约 12 009 m²。

（2）种植要点

根据以上基本条件，在植物选择上应符合以下要求：适应本地气候土壤、水文条件的物种；抗病虫害能力强，对周边环境危害少，不会形成新的物种入侵；维护管理简单；生长期长，能增加景观效果。

（3）植物材料选择

注重植物四季季相的变化；合理确定常绿植物和落叶植物的种植比例；常绿乔木与落叶乔木的种植搭配体现各季节的不同景观特色；提高水生植物和水岸植物多样性，加强水的自净能力和水土保持能力；选择开花野趣粗放的植物，降低后期养护成本。图 4.10-7 为意向植物品种。

香樟　　　　　　　　　女贞　　　　　　　　　垂柳

黄山栾树　　　　　　　合欢　　　　　　　　　水杉

樱花　　　　　　　　　红叶李　　　　　　　　木槿

红枫　　　　　　　　　红叶石楠　　　　　　　迎春花

波斯菊	石竹	马尼拉草
黄菖蒲	花叶芦竹	千屈菜
香蒲	梭鱼草	睡莲

图 4.10-7　意向植物品种

十一、防汛通道

防汛通道是河道管理和防洪抢险的基础设施，也是河道整治工程的重要组成部分。为达到河道管理、观测和防汛抢险物资通行要求，确保河道正常运行，河道两侧应设必要的防汛道路。

（一）设计原则

防汛通道基本沿陆域控制线设置，依托陆域控制绿线平面布置于陆域控制带内；根据现状地形地貌，营造安全、经济、美观的环境；考虑施工方便及可操作性，便于质量控制等要求。

（二）平面布置

目前本工程范围区已经规划道路，为增强项目区生态景观性，减少工程投资，本工程借原有道路以及规划道路作为防汛通道，仅排涝河 B 东岸新建防汛通道。

（三）路基设计

工程沿线现状为一片荒废绿地。路基范围内清除深 30 cm 的表层，耕植土、腐殖土及垃圾必须予以清除，然后碾压夯实。土路基压实度采用重型击实标准，详见表 4.11-1。

表 4.11-1　土路基压实度

填挖类型	深度范围/cm	压实度/%
填方	0～30	≥94
	30～80	≥94
挖方	0～30	≥94
	30～80	≥94

（四）路面设计

为配合岸坡绿化及景观设计，人行步道平面布置宜弯曲，以增加水域景观的灵动性和亲水性。

人行步道路面总宽 2 m，两侧设置混凝土路缘石，路面结构由下至上分别为彩色透水砖（厚 60 mm）、水泥砂浆找平层（厚 30 mm）、C20 素混凝土（厚 100 mm）、碎石垫层（厚 100 mm）。图 4.11-1 为防汛通道意向。

图 4.11-1　防汛通道意向

十二、活水畅流工程

（一）设计思路

主要考虑内河引水，如泰运河和天星港是目前整个泰兴经济开发区较大的内河水系，经如泰运河和天星港引水后，实现整个区域活水畅流。图 4.12-1 为引水点位置。

图 4.12-1　引水点位置

（二）活水畅流方案

主要基于开发区规划的河网水系，根据团结河、通江河、丰产河、排涝河 A、排涝河 B 和区内河 6 条河道与现状内河的水系连通情况，结合闸站工程，通过几个引水点引水，实现整个区域的活水畅流。具体方案：

引如泰运河水（设置引水点 1），规划的沿江大河 1 号闸站经沿江大河向北对团结河和通江河进行输水；另外的如泰运河引水（设置引水点 2），利用现有的繁荣闸站经红旗中沟向南对丰产河和新段港进行输水。

目前天星港总体水质相对较好，且离滨江中沟和胜利中沟较近，因此，考虑从天星港引水（设置引水点 3），利用现有的芦西闸站经红旗中沟向北由友联中沟输送至排涝河 A（滨江中沟段）和排涝河 B（胜利中沟段）。区内河通过新段港、洋思港与其他河道相通。

（三）小结

"流水不腐"、活水畅流是有效提高河道自净能力的措施，也是河道水质指标提升的重要举措。基于此，本工程充分利用区域内的水系连通，结合现状闸站和规划闸站，初步设计了活水畅流的行进路线方案，基本可实现每条河道呈现缓流状态。但部分河道开挖时存在用地性质的问题，尚未解决，因此该方案还需进一步深化，以保证最终河道水质进一步提升。

十三、河流综合监测工程

（一）系统建设思路

泰兴 6 条河流综合监测系统建设服务于整体项目建设思路，构建监测网络及管控平台。结合 6 条河及段港河流域上位规划、工程现状、已有信息系统及其运行情况进行全面的分析，在充分理解和掌握项目区域特性的情况下进行项目需求分析。

构建河流综合监测系统平台，基于流域治理建设、考核评估、综合管理、辅助决策、信息发布、长效监管的需求，实现 6 条河流治理工程建设、考核评估、运营管控等环节的信息化，全面提升水环境质量和流域治理工作的建设维护水平，为 6 条河流提供水环境治理数字化服务。

（二）在线监测体系构建

河流综合监测系统以"综合监测、考核评估、运营管控、预警预报和长效管理服务"为核心，构建以数据为驱动的在线监测体系，该系统可全面感知水量、水质、设备运行状况等信息，为后续工程建设实施及运营管理提供精准可靠的数据。

以已有的硬件设备设施为基础，结合实际污染区域分布以及河流综合监测管控平台建设的源数据需求，实现监测数据实时传输，建设科学、全面的环境监测信息网。

（三）监测体系规划

（1）设计特点

① 以考核指标确定监测类型：对河道治理的考核评估指标进行综合分析，确定具体的监测要素，进而确定监测设备。设计方案具有针对性、定制性，贴合项目实际。

② 以站点环境确定安装与通信方式：基于对各类监测站点周边环境的充分调研与分析，对特殊地区的通信方式和供电方式进行针对性设计。

③ 智能化监测：各类智能化监测设备均可根据不同的触发条件改变运行状态，延长设备的寿命。

（2）监测对象

对 6 条河流监测断面等关键节点进行监测，监测要素包括主要水质参数，即 COD、NH_3-N、TP 和"常五"参数。

（3）布设原则

① 考虑河道管理：在上游河流河道交界面上设置水环境监测站点；

② 以监测断面为重点：在入江口断面上设置水环境监测站点；

③ 遵循行业规范、标准：按照水文监测、黑臭水体监测、水环境监测相应规范进行监测布局。

（四）水质监测方法比选

对目前 3 种类型的水质监测方法，即人工采样检测、传统大型监测站监测、新型小型监测站监测进行比选。水质监测方法比较见表 4.13-1。

表 4.13-1　水质监测方法比较

类别	人工采样检测	传统大型监测站监测	新型小型监测站监测
监测指标	全部监测指标	监测指标多而全	所有的常规水质指标
监测频次	低	较高	很高
准确度	高	较高	较高
占地	—	60～200 m²	1～3 m²
建设周期	—	实施周期较长，建站复杂	部署方便、实施周期短
维护周期	—	较短	较长
维护人员	—	每站至少 1 名	较少
辅助条件	交通便利，实验室	大量土建工积；供水、供电、交通便利	极少
二次污染风险	有	有	无
投资及运行成本	高	高	低

经比选，建议采用新型河道水文水质自动监控小型站。所采用的系统要求能满足地表水环境质量综合监管的需求，是一个基于在线监测技术，具有集地表水水质多指标及综合性水质"指纹"系统，配备小型、低投入、高密度、少维护特点的在线监测仪器，数据实时更新，集水质预测预警于一体的地表水水质监测及预警平台。图 4.13-1 为传统大型监测站与新型小型监测站比较。

传统大型监测站　　　　　　　　　　　　新型小型监测站

图 4.13-1　传统大型监测站与新型小型监测站比较

（五）监测布设方案

项目硬件选型以"架设安全、稳定可靠、抗干扰性强、便于后期维护"为主要原则。由于站点架设在野外，设备需要进行防雷及防盗设计。

监测设备安装在河道断面，需要按照"人水和谐、人与自然和谐"的生态建设理念来开展站点建设工作，河道断面各项设施的建设避免过多地损坏和扰动地表，应与已有的景观融合，保护好现有的地形地貌。

河道及断面监测项目布设包含以下内容：每条河计划在上游界面和入江口断面建设两个监测断面，综合考虑湿地出水口，如图 4.13-2 所示，共设 12 个监测断面（图上黄色三角）。河道断面监测要素包括多参数水质数据，即 COD、NH_3-N、TP、"常五"参数。实时收集水质污染类别变化及污染程度等数据，为水质治理提供依据。图 4.13-2 为 6 条河监测站点分布。

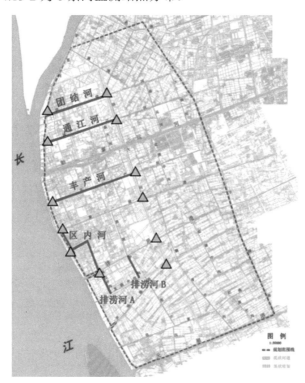

图 4.13-2   6 条河监测站点分布

十四、工程目标可达性分析

（一）工程预期功能

通过上述一系列工程措施，期望具备以下功能。

（1）生态功能

在河道内种植适应苏中地区①自然生境条件、生态价值高的水生植物本地种，并对关键植物群落的空间格局进行合理配置，形成自然恢复力较强、建群种稳定性高的植被群落，为鸟类、浮游动物、底栖动物等提供适宜的生境，营造生物多样性高、食物链完整的水生态系统，形成优美的河道生态景观。

（2）水质净化功能

针对泰兴经济开发区团结河等 6 条河各自的污染程度和特点，采用疏浚工程、岸上截污、活水畅流、人工曝氧、水生态系统构建等工程措施，设计的水质强化净化措施的目标污染物为 NH_3-N 和 TP，经过一系列工程措施处理，主要水质指标（COD、NH_3-N、TP）能够稳定达到地表水Ⅳ类水质标准。即使从最不利的角度考虑，如受汛期最差水质、冬季挺水植物吸收作用和微生物分解作用降低、系统对污染物的去除效率因低温影响而下降进而导致水质波动等因素影响，河道处理后主要水质指标基本也可以稳定在Ⅳ类水质标准的水平上。

（二）可达性分析

（1）各级政府高度重视

党中央、国务院高度重视水环境保护，2015 年国务院印发《水污染防治行动计划》（以下简称"水十条"），对重点流域保护、水和湿地生态系统恢复、黑臭水体、饮用水安全、地下水保护等各方面做出了细致详尽的任务安排，全力保障水生态安全。

泰州市积极响应党中央和省政府的要求，市委、市政府一直高度重视水环境

---

① 江苏省中部地区。

治理工作,"十二五"期末,泰州市水环境质量达标率位列全省第一,生态环境连续 5 年达良好状态。"十三五"时期,泰州市扎实推进水污染防治重点工程建设,2016 年水环境质量达标率继续位列全省第一。2017 年上半年,泰州市被评为省"水十条"考核先进市。各级政府对水环境治理的高度重视是此次工程目标可达的前提保障。

（2）污染负荷削减措施技术可行性分析

1）内源污染治理效果分析

疏浚工程削减污染物:疏浚工程可一次性去除内源污染物,本次疏浚工程涉及丰产河和区内河,累计共清淤 11 633.1 m³,清淤底泥密度约 1.3 t/m³,即底泥约 15 123.03 t,根据底泥检测的平均结果可以计算底泥去除污染物量（表 4.14-1）。

表 4.14-1　丰产河和区内河底泥清淤去除污染物量

指标污染物质量分数平均值							
COD/%	铜/ （mg/kg）	锌/ （mg/kg）	铬/ （mg/kg）	镉/ （mg/kg）	铅/ （mg/kg）	砷/ （mg/kg）	汞/ （mg/kg）
9.31	303.86	258.91	80.29	0.18	12.96	71.41	7.73
去除污染物量统计							
COD/t	铜/t	锌/t	铬/t	镉/t	铅/t	砷/t	汞/t
1 407.52	4.60	3.92	1.21	0.01	0.20	1.08	0.12

疏浚工程削减污染物的工程效果:本次工程疏浚河道为丰产河和区内河,水域面积共 66 975 m²,根据底泥污染物释放系数可以计算削减底泥污染物释放量（表 4.14-2）。

表 4.14-2　丰产河和区内河削减底泥污染物释放量计算结果

底泥年污染物释放系数/（t/km²·a）			
COD	NH_3-N	TN	TP
8.45	1.38	8.93	1.13
削减底泥年污染物释放量/（t/a）			
COD	NH_3-N	TN	TP
0.57	0.09	0.60	0.08

疏浚工程治理后，丰产河和区内河河道底泥形成新的底泥微生物环境，这将彻底消除释放的污染物，本工程不再对河道水质污染产生新的内源贡献。

2）截污工程实施效果分析

海绵体是控制地表径流污染的重要措施，本工程选择在丰产河靠近农田侧设置植草沟，通过植草沟的滞留和过滤作用净化初期雨水，由表 4.6-1 可知，各污染物目标去除率与 R 的对应关系，得出植草沟对汇水区内污染物的去除效果。植草沟的布设位置是在农田区一侧，拦截农田面源污染，结合表 4.6-1，根据植草沟的面积和汇水区面积可得截污工程 TP 去除率 60%，NH_3-N 去除率 10%，NH_3-N 是 TN 的一部分，因此对 NH_3-N 去除率的估算按最高 10%计。表 4.14-3 为丰产河植草沟削减污染物量计算结果。

表 4.14-3　丰产河植草沟削减污染物量计算结果

项目	NH_3-N	TP
污染物负荷/（t/a）	3.58	0.26
去除率/%	10	60
削减量/（t/a）	0.358	0.156

本工程范围内大部分区域实施了初期雨水截留措施，剩余小部分河道两侧道路以及未改造的混凝土护坡可能会发生初期雨水截留不彻底的情况，可在后期增加投入，加强河道两侧绿化灌木缓冲带和城市"海绵体"的建设。

3）人工曝氧工程实施效果分析

人工增氧是城市水环境生态修复的重要措施之一，广泛应用于水体富营养化治理。本工程设计在团结河、丰产河和区内河布置太阳能曝气机，增加水体的溶解氧，促进水体和底泥微生物对污染物的分解，为水体中各种水生动物的呼吸提供氧气，促进系统生物多样性的发展。

根据太阳能曝气机工作参数计算全年供氧量，由需氧量计算公式反推曝气对污染物的削减量，削减对象主要为 NH_3-N，其中丰产河曝气时间调整为 14 h，团结河和区内河曝气时间为 12 h，削减量按最大去除能力计算，计算结果见表 4.14-4。

表 4.14-4 人工曝气污染物削减量计算结果

河流名称	最大 NH$_3$-N 削减量/（t/a）
团结河	1.054
丰产河	4.129
区内河	1.326

4）水生态系统修复工程实施后的净化能力分析

水生态系统修复是在实施疏浚、截污和人工曝气等工程的前提下，对水质稳定性进一步提升的行为，主要依赖植物对氮磷营养盐的吸附、吸收和降解过程。

挺水植物群落：依据项目组在太湖和滇池的研究成果，挺水植物群落能拦截入河河道径流夹带泥沙及其他陆源污染物的 25%～62%；生长着挺水植物群落的底泥中参与氮循环的微生物的数量大幅增加，其中太湖和滇池两地底泥中反硝化细菌数量分别是硝化细菌数量的 10.69 倍和 8.24 倍，反硝化作用强烈，这种底泥能够显著提高氮素的去除能力。挺水植物群落能使水中的磷酸盐、有机氮、氨和悬浮物分别减少 20%、60%、66% 和 30%。以水生美人蕉为主的挺水植物群落的去除效率［N 去除负荷 2.42 kg/（hm^2·d）；P 去除负荷 1.136 kg/（hm^2·d）］计算，同时按一年期挺水植物生长期约 6 个月（180 d）计算，可得到挺水植物氮、磷污染物去除量（表 4.14-5）。

表 4.14-5 挺水植物氮、磷污染物去除负荷及去除量

序号	河道名称	挺水植物面积/m^2	N 去除负荷/（kg/hm^2·d）	P 去除负荷/（kg/hm^2·d）	N 去除量/（kg/a）	P 去除量/（kg/a）
1	排涝河 B	1 510	2.42	1.136	65.78	30.88
	总计	1 510			65.78	30.88

沉水植物群落：根据东太湖的研究成果，仅植物输出和沉积输出两项，沉水植物可以从水体中去除 TN 18.49 g/（m^2·a）、TP 16.2 g/（m^2·a）。6 条河道沉水植物氮、磷污染物去除情况见表 4.14-6。

表 4.14-6　6 条河道沉水植物氮、磷污染物去除情况

序号	河道名称	沉水植物面积/ m²	N 去除负荷/ (g/m²·a)	P 去除负荷/ (g/m²·a)	N 去除量/ (kg/a)	P 去除量/ (kg/a)
1	团结河	33 128	18.49	16.2	612.54	536.67
2	通江河	36 357	18.49	16.2	672.24	588.98
3	丰产河	38 522	18.49	16.2	712.27	624.06
4	区内河	28 051	18.49	16.2	518.66	454.43
5	排涝河 A	10 382	18.49	16.2	191.96	168.19
6	排涝河 B	7 105	18.49	16.2	131.37	115.10
	总计	153 545	110.94	97.2	2 839.04	2 487.43

浮叶植物群落：睡莲等浮叶植物净增生物量 65.85±30.07 g/cm²，在排涝河 B 布设面积约 206 m²，在生长周期内浮叶植物的增重量为 13.17±6.01 kg，植株含氮量为 58.20±2.10 g/kg，植株含磷量为 6.23±0.30 g/kg，浮叶植物氮、磷污染物最高去除量分别为 11.99 kg/a 和 1.28 kg/a。

生态浮床：生态浮床主要种植挺水植物，按挺水植物群落的去除效率［N 去除负荷 2.42 kg/（hm²·d）；P 去除负荷 0.568 kg/（hm²·d）］计算，通江河和区内河分别布设生态浮床面积 3 420 m² 和 2 060 m²，植物生长时间按半年计算，通江河对氮、磷污染物的去除量分别为 148.98 kg/a 和 69.93 kg/a，区内河对氮、磷污染物的去除量分别为 89.73 kg/a 和 42.12 kg/a。

6 条河道水生态系统对 TN、TP 污染物年去除量见图 4.14-7。

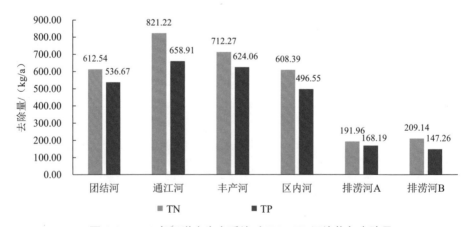

图 4.14-1　6 条河道水生态系统对 TN、TP 污染物年去除量

水生态系统修复完成后，6 条河道 TN、TP 总去除量分别为 3 155.52 kg/a 和 2 631.64 kg/a，通过定期收割植物，最终实现氮、磷的去除。

5）活水畅流实施效果分析

活水畅流的实施是在现状工程措施无法达到治理目标，遇到突发暴雨事件以及其他不可预见的情况下，需采取的应急措施，具体削减能力要结合运营期的实际情况分析，因此本工程实施效果分析暂不考虑活水畅流实施效果。

6）景观绿化工程实施效果分析

景观绿化工程对污染物的削减功能与截污工程一致，是控制地表径流污染的重要措施之一，本工程选择在团结河、通江河、丰产河和排涝河 B 进行陆域和斜坡绿化，通过绿植的滞留和过滤作用净化初期雨水，由表 4.6-1 各污染物目标去除率与 R 对应关系得出，景观绿化工程对汇水区内污染物的去除效果。植草沟的布设在农田区一侧，拦截农田面源污染物，结合表 4.6-1，根据面积和汇水区面积可反推出绿化工程 TP 去除率 60%，TN 去除率 10%，NH$_3$-N 是 TN 的一部分，因此对 NH$_3$-N 的去除率估算按最高 10%计。表 4.14-7 为景观绿化工程沟削减污染物量计算。

表 4.14-7　景观绿化工程沟削减污染物量计算

河流		污染负荷/（t/a）	去除率/%	削减量/（t/a）
团结河	NH$_3$-N	3.290	10	0.329
	TP	0.200	60	0.12
通江河	NH$_3$-N	2.730	10	0.273
	TP	0.160	60	0.096
丰产河	NH$_3$-N	3.580	10	0.358
	TP	0.260	60	0.156
排涝河 B	NH$_3$-N	0.873	12	0.105
	TP	0.053	63	0.156

7）目标可达性分析

本工程河道点源污染已全面控制，并底泥疏浚一次性消除了内源污染，人工曝氧工程消除 NH$_3$-N 和还原性物质，生态工程综合去除氮磷，因此河道水质污染源主要为自然降雨及由此引发的地表径流携入的氮磷营养盐。下面对工程措施

NH_3-N 和 TP 的削减量与污染负荷进行比较。

由表 4.14-8 和表 4.14-9 可知，疏浚工程、截污工程、人工曝气工程、水生态系统构建工程和景观绿化工程对 NH_3-N 和 TP 起到有效的削减作用，除排涝河 A 的 TP，其余河道污染物的总削减量均大于需削减量，表明工程措施是有效可行的。排涝河 A 的 TP 需削减量较大，是由于本底 TP 浓度较高，可在种植沉水植物前通过絮凝沉降措施一次性地大幅降低 TP 浓度，沉水植物栽植后利用剩余 TP 作为生长所需的磷源，从而达到水质目标。

表 4.14-8　工程目标 NH_3-N 削减量数据　　　　　　　　单位：t/a

河流	疏浚工程	截污工程	人工曝气工程	水生态系统构建工程	景观绿化工程	总削减量	需削减量
团结河	—	—	1.054	0.613	0.329	1.996	0.329
通江河	—	—		0.821	0.273	1.094	0.058
丰产河	0.060	0.358	4.129	0.712	0.358	5.617	5.390
区内河	0.030	—	1.326	0.608	—	1.964	0.276
排涝河 A				0.192		0.192	0.046
排涝河 B	—	—		0.209	0.105	0.314	0.060

表 4.14-9　工程目标 TP 削减量数据　　　　　　　　单位：t/a

河流	疏浚工程	截污工程	水生态系统构建工程	景观绿化工程	总削减量	需削减量
团结河	—	—	0.536	0.120	0.656	0.085
通江河	—	—	0.659	0.096	0.755	0.025
丰产河	0.050	0.156	0.624	0.156	0.986	0.277
区内河	0.030	—	0.497	—	0.527	0.140
排涝河 A	—	—	0.168		0.168	0.960
排涝河 B	—	—	0.118	0.156	0.274	0.185

各工程措施是保障水质长期稳定的重要措施，当上游来水水质恶化或出现上游水大量涌入的情况，应及时进行关闸截留。根据突然事件中主要污染因子的超标程度，超标 20% 以内，采取稀释、静置等应对方式，超标大于 20% 时，建议将水就近抽入污水管网，送入污水处理厂处理。突发情况下 6 条河道能够起到截留的闸门名称统计见表 4.14-10。

表 4.14-10 截留控制闸统计

河道名称	团结河	通江河	丰产河	区内河	排涝河 A	排涝河 B
截留启用闸门名称	团结河中闸	通江河中闸	丰产河东闸	老段港闸	友联中沟东闸	友联中沟东闸

泰兴经济开发区内各企业对初期雨水的收集处理是降低面源污染的关键措施之一，泰兴经济开发区内需结合活水畅流工程和絮凝沉降措施，加强泰兴经济开发区内各企业对初期雨水收集装置运行稳定状况的检查和排障，从而保障 6 条河能够承受强降雨等特殊情况带来的面源负荷冲击。

（3）资金保障

国家及省政府对长江水环境保护、河流水环境综合整治高度重视。近年来，泰兴市委、市政府和经济开发区管理委员会的领导下，在市人大、市政协的支持帮助下，泰兴经济开发区经济保持较好的发展态势。另外，本工程属江苏泰兴经济开发区污水处理及生态环境提升政府和社会资本合作模式（PPP）项目的子项目，PPP 项目公司为项目的顺利实施提供了资金保障。

十五、目标可达的边界条件

本工程实施后，从理论上可实现项目河道除排涝期外主要水质因子（COD、NH$_3$-N 和 TP）由达到劣 V 类标准提升至 IV 类标准。由于水生态工程效果的影响因素较多，为保证水质净化效果，需要满足以下边界条件。

① 泰兴经济开发区管理委员会统筹管理上游河道来水水质，上游河道来水必须按照"水十条"要求，达到地表 V 类水标准以上。河道入江都受闸控，开关闸没有规律，因此不易计算上游来水流量，需根据实际运维过程水质监测数据进行及时修正，使河道管护达到最佳工况，从而保证河道入江水质达标。

② 各企业应严格落实环境保护要求，确保无污水偷排行为，且严格按照初期雨水收集排放要求实施，其中 COD≤30 mg/L。

③ 污水厂尾水排放稳定达到一级 A 标准，经深度净化后稳定达到 IV 类水质标准（COD≤30 mg/L、NH$_3$-N≤1.5 mg/L 和 TP≤0.3 mg/L）。

④ 应选择有经验的施工单位，该单位应具备水生植物种植以及水生动物调控的经验，水生植物成活率超 90%，确保工程质量达标。

⑤ 河道运维单位负责生态工程的后期管维，特别是水生植物清洁整理、水绵打捞、病虫害防治和水生动物调控应按要求实施。

第五章

入河排污口整改

一、项目背景

为贯彻落实生态环境部《关于开展长江入河排污口排查整治试点工作的函》（环办执法函〔2019〕144 号）、泰州市政府办公室《关于印发泰州市长江入河排污口排查整治试点工作方案的通知》（泰政办发〔2019〕21 号）和《关于印发泰州市长江入河排污口分类整治工作方案的通知》（泰政传发〔2020〕24 号）要求，在前期"排查、监测、溯源"的基础上，推进长江入河排污口分类整治，泰州市制定了《泰兴市长江入河排污口分类整治工作方案》。

泰兴市滨江镇根据泰州市泰兴生态环境局要求和工作方案，邀请第三方机构对所有入河排污口进行踏勘、拍照、采样和检测分析等工作，据此对滨江镇辖区内的 174 个排口编制了"一口一策"整治方案。按照"取缔一批、整治一批、规范一批"的原则，对入河排污口进行了规范整治，目前已完成规范整治工作并提出验收销号申请。

二、整治要求

（一）工业企业排污口

（1）取缔类

① 集中污水处理设施管网覆盖范围内的工业企业直排污口，由生态环境主管部门责令限期拆除，接入区域污水管网。

② 长江干流设置的工业企业生产废水、生活污水排污口和混合污水排污口，由生态环境主管部门责令限期拆除，将排污口移建至内河，同时完善相关手续。

③ 企业逃避监管私自设置的入河排污口，由生态环境主管部门依法查处，责令限期拆除，涉嫌污染环境罪的移送公安部门。

（2）整治类

① 未经批准的工业企业排污口，由生态环境主管部门责令按规范化要求进行整改，经验收合格后，纳入日常管理。

② 工业企业排污口存在超标排放的，应查找超标原因，立即整改，限期达标。限期不能达标的，由生态环境主管部门责令改正或者责令限制生产、停产整治，并处罚款；情节严重的，报市政府批准，责令停业、关闭。

③ 工业企业未实现雨污分流的，由生态环境主管部门责令按规范要求限期整改，验收合格后，纳入日常管理。

（3）规范类

所有工业企业排污口都应做到"一牌一码"，设置标志牌，制作能识别排污口信息的二维码；企业生产废水排污口、混合污水排污口、涉及有毒有害污染物的清下水排污口应安装在线监测和视频监控设施，并与生态环境主管部门联网。

（二）污水集中处理设施排污口

（1）取缔类

① 长江干流设置的污水集中处理设施排污口，由生态环境主管部门责令限期拆除，将排污口移建至内河，同时完善相关手续。

② 逃避监管私自设置的污水集中处理设施排污口，由生态环境主管部门依法查处，责令限期拆除，涉嫌污染环境罪的移送公安部门。

（2）整治类

① 污水集中处理设施排污口存在超标排放的，应查找超标原因，立即整改，限期达标。限期不能达标的，由生态环境主管部门依法进行查处。

② 管网建设滞后导致收集范围内的工业废水、生活污水无法进管的，属地乡镇应制订就近纳入污水处理厂或者新增污水处理设施的实施计划，明确建设主体、完成时间。

③ 排水管道和收集管道存在破损、错接、混接、漏接、错位、溢漏、淤堵等情况的，应及时维护管道流通设施，确保达标排放。

④ 城镇污水处理厂应制订排放提标改造计划，入河前建设生态湿地或者深度处理工程，入河水质 COD、NH_3-N、TP 指标达地表水环境质量Ⅳ类标准，减少污染排放。

（3）规范类

所有污水集中处理设施排污口均应做到"一牌一码"，设置标志牌，制作能识别排污口信息的二维码，安装在线监测设施和视频监控系统，并与生态环境主管部门联网。

（三）农业农村排污口

（1）取缔类

① 饮用水水源保护区内畜禽养殖排污口、水产养殖排污口、乡村生活集中排污口和乡村生活混合排污口，由相关职能部门报市政府后责令限期拆除。

② 禁养区内的规模化畜禽养殖排污口，由生态环境主管部门报市政府后责令限期拆除；非规模化畜禽养殖和水产养殖排污口，由属地乡镇政府报市政府后责令限期拆除。

③ 长江干流设置的水产养殖排污口、乡村生活集中排污口和乡村生活混合排污口，由农业农村主管部门和属地乡镇政府责令限期拆除。

（2）整治类

① 规模化畜禽养殖排污口存在超标排放的，应查找超标原因，立即整改，限

期达标。限期不能达标的，由生态环境主管部门依法进行查处。

②农业农村污水管网覆盖范围内的乡村生活集中排污口和乡村生活混合排污口，由住建部门责令按规范化要求进行整改，原则上就近纳入相应生活污水集中处理设施，实现分类收集、集中分类处理，经验收合格后，纳入日常管理。大力推进小型乡村生活污水处理设施建设，提高乡村生活污水的收集处理率。

③其他农业农村排污口所排入的水体不能达到水环境功能区标准或者是劣V类水质标准的，应制订农村水环境污染治理整体规划，明确治理目标、责任主体、污染治理工程实施时间、资金投入等内容，限期整改，确保水环境质量得到改善。

（3）规范类

所有农业农村排污口应做到"一牌一码"，设置标志牌，制作能识别排污口信息的二维码。规模化畜禽养殖排污口、乡村生活集中排污口和乡村生活混合排污口（水利部入河排污口普查标准：废水排放量 30 t/d 或者 5 000 t/a）安装在线监测设施和视频监控系统，并与生态环境主管部门联网。

（四）雨洪径流排污口

（1）取缔类

饮用水水源保护区混合排放的雨洪径流排污口，由属地乡镇政府报市政府后责令限期拆除；逾期不拆除的，强制拆除。

（2）整治类

①晴天有污水流出的分流制城市雨水排污口，在保证防洪泄涝、城市安全的前提下，主管部门应开展溯源调查，整改混接错接管网，采取有效措施防止向雨水管网倾倒污染物的行为。雨污管网混接点已规范接驳并有相关单位盖章确认的竣工验收文件，且非降雨期间无污水流出的，方可纳入日常管理。

②降雨期间存在雨水径流被污染的分流制城市雨水排污口，应采取源头雨水收集处理和资源化利用、定期巡查雨水管网、清掏管道沉积物等维护措施，控制雨水径流污染。

③存在溢流污染的截流式合流制城市雨洪排污口，应编制削减城市雨水径流污染整改方案，方案应包含城市面源成因分析、任务目标、工作内容、职能部门

分工、时限要求等。有条件的地区实施雨污分流改造；不具备条件的地区，在保证防洪排涝、保障城市安全的前提下，应采取源头雨水收集处理和资源化利用、截流井改造、增加截流干管截流倍数、扩大污水处理厂规模、建设调蓄设施等措施，控制溢流污染。

（3）规范类

所有雨洪径流排污口应做到"一牌一码"，设置标志牌，制作能识别排污口信息的二维码。制订雨洪径流排污口日常监测计划，并按计划进行监测，开展数据综合分析，确保受纳水体水质得到改善。

（五）溪流、沟渠、河港等

（1）取缔类

无。

（2）整治类

① 直接汇入水源一级保护区的溪流、沟渠水、河港水等水体水质应达到饮用水水源地取水标准。达不到饮用水水源地取水标准的，应鉴别超标原因、制定整治方案，明确责任主体，限期整治达标。

② 达不到相应水环境功能区标准的通江河流，应鉴别超标原因、制定整治方案，明确责任主体，限期整治达标。

③ 无水环境功能区，但现有水体水质已经属于劣Ⅴ类的通江河流，应制定整治方案，识别超标原因、明确责任主体和整治期限，持续推进整治，确保水质可达到Ⅴ类标准的要求。

④ 达不到相应水环境功能区标准或现有水体水质已经属于劣Ⅴ类的二级支流（汇入通江河流的河流），属地乡镇根据实际情况制订整治计划，持续推进整治，确保水质得到改善。

（3）规范类

所有溪流、沟渠、河港等应做到"一牌一码"，设置标志牌，制作能识别排污口信息的二维码。所有通江河流建立和安装水质自动监测站和视频监控系统，并与生态环境主管部门联网。

（六）港口码头排污口

（1）取缔类

饮用水水源保护区内的港口码头排污口，由属地乡镇政府报市政府后责令限期拆除。

（2）整治类

① 长江干流设置的港口码头排污口，由交通运输部门责令整改，封堵排污口，所有港口码头废水由管道输送至陆地处理后达标排放。

② 内河港口码头排污口存在超标排放的，应查找超标原因，由交通运输部门责令整改，限期达标。

（3）规范类

所有港口码头排污口应做到"一牌一码"，设置标志牌，制作能识别排污口信息的二维码。建立长江干流港口码头视频监控系统，并与生态环境主管部门联网。港口配备船舶油污水、生活污水的接收和处理设施。

（七）其他排污口

其他排污口由生态环境主管部门根据现场溯源情况开展整改，指导相关主管部门和属地乡镇开展整改，确保排污口排放达标，规范管理。

三、滨江镇入河排污口情况

在《泰兴市长江入河排污口分类整治工作方案》中，滨江镇入河排污口共计174 个，涉及含长江干流在内的河道 11 条，滨江镇入河排污口涉及河道、类型（大类）、整治要求情况统计见表 5.3-1、表 5.3-2、表 5.3-3。经与"7 类非排口"工作要求比对以及现场实际核查修正，滨江镇入河排污口最终取缔 1 个，核减 11 个（表 5.3-4）。滨江镇入河排污口现保留 162 个，保留排污口情况统计见表 5.3-5，规范命名后，滨江镇入河排污口排查整治工作明细见表 5.3-6。

表 5.3-1　滨江镇入河排污口涉及河道统计

序号	涉及河道	数量/个	水质要求
1	直通长江	24	Ⅱ类
2	护场河	3	Ⅴ类
3	团结河	23	Ⅴ类
4	通江河	31	Ⅴ类
5	如泰运河	26	Ⅴ类
6	丰产河	7	Ⅴ类
7	段港河	14	Ⅴ类
8	洋思港	7	Ⅴ类
9	翻身沟	3	Ⅴ类
10	景观河	20	Ⅴ类
11	天星港	16	Ⅴ类
合计		174	

表 5.3-2　滨江镇入河排污口类型（大类）统计

序号	排污口类型	数量/个
1	溪流、沟渠、河港等	45
2	农业农村排污口	25
3	工业企业排污口	28
4	雨洪径流排污口	72
5	港口码头排污口	2
6	污水集中处理设施排污口	1
7	其他排污口	1
合计		174

表 5.3-3　滨江镇入河排污口整治要求情况统计

序号	整治要求	数量/个
1	取缔类	2
2	规范类	66
3	整治类+规范类	22
4	取缔类+整治类+规范类	83
5	无上述三项要求	1
合计		174

表 5.3-4 滨江镇入河排污口取缔核减情况统计

措施	序号	原名称	河道
取缔	1	新浦化学北厂直排管道	直通长江
核减	1	雨水管网	通江河
	2	新浦化工北厂西南侧 200 m 码头溢流排口	如泰运河
	3	新浦化学北厂南大门东南侧 200 m 码头溢流排口	如泰运河
	4	印桥社区恒吉超市北侧 50 m 地上明渠排口	如泰运河
	5	过船闸西侧排口	如泰运河
	6	白色厕所排水管	如泰运河
	7	闸南路新段港河南侧闸口	段港河
	8	唐垡河	天星港
	9	天星港老闸东北侧 50 m	天星港
	10	废弃排水口	天星港
	11	生活污水排口	天星港

表 5.3-5 滨江镇入河排污口保留排污口情况统计

序号	所属河道	排污口数量/个					小计/个
		溪流、沟渠、河港	农业农村	工业企业	雨洪径流	污水集中处理设施	
1	直通长江	19	0	1	2	1	23
2	护场河	1	2	0	0	0	3
3	团结河	1	1	3	17	0	22
4	通江河	2	4	6	19	0	31
5	如泰运河	12	1	0	8	0	21
6	丰产河	0	2	2	3	0	7
7	段港河	1	2	5	5	0	13
8	洋思港	2	0	0	5	0	7
9	翻身沟	1	0	1	1	0	3
10	景观河	1	0	7	12	0	20
11	天星港	2	8	2	0	0	12
合计							162

表 5.3-6　滨江镇入河排污口排查整治工作明细

序号	排污口名称	地理坐标		排（污）口类型		排入河流	整治类型	"一口一策"整治方案	规范命名	规范编码	责任主体
		东经/(°)	北纬/(°)	大类	小类						
1	电排涝口	120.0177664	32.61080302	沟渠、河港（涌）、排干等	沟渠、河港（涌）、排干等	长江	规范管理	设置标志牌，制作二维码	泰州市泰兴市电排涝口	FA-321203-0581-GQ-00	泰兴市水务局
2	滨江镇东夹江闸	119.9183971	32.17256872	沟渠、河港（涌）、排干等	沟渠、河港（涌）、排干等	长江	规范管理	设置标志牌，制作二维码，建立视频监测站自动监测站和视频监控系统，并与生态环境主管部门联网	泰州市泰兴市东夹江入江闸口	FA-321203-0563-GQ-00	泰兴市水务局
3	通江河闸口	119.9161137	32.1562855	坡镇雨洪排口	坡镇雨洪排口	长江	规范管理	建立和安装水质自动测站和视频监控系统，并与生态环境主管部门联网	泰州市泰兴河通江入江闸口	FA-321203-0560-YH-00	泰兴市水务局
4	发电厂温排口	119.9157698	32.14769225	港口码头排污口	雨水排口	长江	规范管理	设置标志牌，制作二维码	泰州市泰兴市发电厂温排口	FA-321203-0559-GK-00	新浦化学①
5	段港排涝站	119.9483665	32.1394777	沟渠、河港（涌）、排干等	沟渠、河港（涌）、排干等	长江	规范管理	建立和安装水质自动测站和视频监控系统，并与生态环境主管部门联网	泰州市泰兴排涝站入江排口	FA-321203-0573-GQ-00	泰兴市水务局
6	经济开发区工业入河排口3丰产河	119.9184172	32.13901947	沟渠、河港（涌）、排干等	沟渠、河港（涌）、排干等	长江	规范管理	建立和安装水质自动测站和视频监控系统，并与生态环境主管部门联网	泰州市泰兴市经济开发区入河产河排口	FA-321203-0562-GQ-00	泰兴市水务局

序号	排污口名称	地理坐标		排(污)口类型		排入河流	整治类型	"一口一策"整治方案	规范命名	规范编码	责任主体
		东经/(°)	北纬/(°)	大类	小类						
7	港务公司西侧江堤2米丰产河入江排口	119.9166257	32.13861298	沟渠、河港(涌)、排干等	沟渠、河港(涌)、排干等	长江	规范管理	设置标志牌，制作二维码，建立动监测站和视频监控系统，并与生态环境主管部门联网	泰州市泰兴市丰产河入江排口	FA-321203-0561-GQ-00	泰兴市水务局
8	新段港河入江闸口	119.920166	32.13054458	沟渠、河港(涌)、排干等	沟渠、河港(涌)、排干等	长江	规范管理	设置标志牌，制作二维码，建立动监测站和视频监控系统，并与生态环境主管部门联网	泰州市泰兴市新段港河入江闸口	FA-321203-0564-GQ-00	泰兴市水务局
9	区内河入江排灌口	119.9249825	32.12452421	沟渠、河港(涌)、排干等	沟渠、河港(涌)、排干等	长江	规范管理	设置标志牌，制作二维码，建立动监测站和视频监控系统，并与生态环境主管部门联网	泰州市泰兴市区内河入江排灌口	FA-321203-0566-GQ-00	泰兴市水务局
10	区内河入江闸口	119.9253838	32.12373254	沟渠、河港(涌)、排干等	沟渠、河港(涌)、排干等	长江	规范管理	设置标志牌，制作二维码，建立动监测站和视频监控系统，并与生态环境主管部门联网	泰州市泰兴市区内河入江闸口	FA-321203-0567-GQ-00	泰兴市水务局
11	滨江污水处理厂排口	119.9229037	32.11996349	城镇生活污水排污口	城镇污水集中处理设施排污口	长江	整改保留	长江干流设置，限期拆除，将排污口移建至内河，建设生态湿地工程	泰州市泰兴市滨江污水处理厂混合污水排口	FA-321203-0565-SH-00	泰兴市滨江镇

序号	排污口名称	地理坐标		排（污）口类型		排入河流	整治类型	"一口一策"整治方案	规范命名	规范编码	责任主体
		东经/（°）	北纬/（°）	大类	小类						
12	洋思港入江闸口	119.9349243	32.11894214	沟渠、河港（涌）、排干等	沟渠、河港（涌）、排干等	长江	规范管理	建立和安装水质自动监测站和视频监控系统，并与生态环境主管部门联网	泰州市泰兴市洋思港入江闸口	FA-321203-0568-GQ-00	泰兴市水务局
13	芦坝港闸	119.9409543	32.1041596	沟渠、河港（涌）、排干等	沟渠、河港（涌）、排干等	长江	规范管理	建立和安装水质自动监测站和视频监控系统，并与生态环境主管部门联网	泰州市泰兴市芦坝港入江闸口	FA-321203-0570-GQ-00	泰兴市水务局
14	芦坝港西侧150米蒋榨村排涝闸	119.9395914	32.10337259	沟渠、河港（涌）、排干等	沟渠、河港（涌）、排干等	长江	规范管理	建立和安装水质自动监测站和视频监控系统，并与生态环境主管部门联网	泰州市泰兴市友联排涝站入江排口	FA-321203-0569-GQ-00	泰兴市水务局
15	包家圩电排口	119.942588	32.09712042	沟渠、河港（涌）、排干等	沟渠、河港（涌）、排干等	长江	规范管理	建立和安装水质自动监测站和视频监控系统，并与生态环境主管部门联网	泰州市泰兴市包家圩电排口	FA-321203-0571-GQ-00	泰兴市水务局
16	排涝口	119.9427017	32.09689711	沟渠、河港（涌）、排干等	沟渠、河港（涌）、排干等	长江	规范管理	建立和安装水质自动监测站和视频监控系统，并与生态环境主管部门联网	泰州市泰兴市包港排涝站入江排口	FA-321203-0572-GQ-00	泰兴市水务局
17	天星港闸	119.9537469	32.09216079	沟渠、河港（涌）、排干等	沟渠、河港（涌）、排干等	长江	规范管理	建立和安装水质自动监测站和视频监控系统，并与生态环境主管部门联网	泰州市泰兴市天星港入江闸口	FA-321203-0578-GQ-00	泰兴市水务局

序号	排污口名称	地理坐标		排（污）口类型		排入河流	整治类型	"一口一策"整治方案	规范命名	规范编码	责任主体
		东经/（°）	北纬/（°）	大类	小类						
18	老江排涝站排涝口	119.9511366	32.09097015	沟渠、河港（涌）、排干等	沟渠、河港（涌）、排干等	长江	规范管理	设置标志牌、制作二维码，建立监测站和视频监控系统，并与生态环境主管部门联网	泰州市泰兴市老江排涝站入江排涝口	FA-321203-0575-GQ-00	泰兴市水务局
19	观潮亭西北方向20米	119.9484109	32.08960224	沟渠、河港（涌）、排干等	沟渠、河港（涌）、排干等	长江	规范管理	设置标志牌、制作二维码，建立监测站和视频监控系统，并与生态环境主管部门联网	泰州市泰兴市观潮亭西北20米入江排口	FA-321203-0574-GQ-00	泰兴市水务局
20	解圩排涝站	119.9519755	32.08525244	沟渠、河港（涌）、排干等	沟渠、河港（涌）、排干等	长江	规范管理	设置标志牌、制作二维码，建立监测站和视频监控系统，并与生态环境主管部门联网	泰州市泰兴市解圩排涝站入江排口	FA-321203-0577-GQ-00	泰兴市水务局
21	解圩排涝站西侧100米	119.9519029	32.0839937	城镇雨洪排口	城镇雨洪排口	长江	规范管理	设置标志牌、制作二维码，制订雨水径流口日常监测计划，并按计划监测	泰州市泰兴市解圩排涝站西侧100米雨洪排口	FA-321203-0576-YH-00	泰兴市水务局
22	新星站	119.9584574	32.0740781	沟渠、河港（涌）、排干等	沟渠、河港（涌）、排干等	长江	规范管理	设置标志牌、制作二维码，建立监测站和视频监控系统，并与生态环境主管部门联网	泰州市泰兴市新星排涝站入江排口	FA-321203-0580-GQ-00	泰兴市水务局

序号	排污口名称	地理坐标 东经/(°)	地理坐标 北纬/(°)	排(污)口类型 大类	排(污)口类型 小类	排入河流	整治类型	"一口一策"整治方案	规范命名	规范编码	责任主体
23	新星排涝站排涝口南侧20米	119.9584197	32.07381257	城镇雨洪排口	城镇雨洪排口	长江	规范管理	设置标志码；制订雨洪径流排污口日常监测计划，并按雨洪计划监测	泰州市泰兴市新星排涝站南侧20米雨洪排口	FA-321203-0579-YH-00	泰兴市滨江镇
24	江苏省泰兴种猪场劳边管道	119.9317249	32.19528743	沟渠、河港（涌）、排干等	沟渠、河港（涌）、排干等	护场河	整改保留	水质属于劣V类，制订整治计划，具体见护场河整治方案；设置标志牌，制作二维码	泰州市江苏省泰兴种猪场养殖排口	FA-321203-0606-GQ-00	泰兴市农业农村局
25	龙港村村口龙港闸间接排口	119.9332428	32.19640196	农业农村排污口	种植业排口	护场河	整改保留	水质属于劣V类，建议从源头控制农药化肥用量，尽量采用生物农药	泰州市泰兴闸龙港闸农田退水排口	FA-321203-0607-NY-00	泰兴市农业农村局
26	蒋港村村口闸间排口	119.9248821	32.18372107	农业农村排污口	种植业排口	护场河	整改保留	水质属于劣V类，建议从源头控制农药化肥用量，尽量采用生物农药	泰州市泰兴闸蒋港村农田退水排口	FA-321203-0605-NY-00	泰兴市农业农村局
27	泰兴市天马化工有雨水排口	119.9358496	32.16968297	港口码头排污口	雨水排口	团结河	整改保留	超标原因，查找超标原因，立即整改，限期达标；设置标志牌，制作二维码	泰州市泰兴市天马化工清净下水（雨水）排口	FA-321203-0713-GK-00	泰兴市滨江镇
28	泰兴市天马化工有限公司	119.9341107	32.16942359	港口码头排污口	雨水排口	团结河	整改保留	无	泰州市泰兴市天马化工有限公司清净下水（雨水）排口	FA-321203-0711-GK-00	泰兴市农业农村局
29	江苏常隆农化有限公司	119.9215752	32.16587434	港口码头排污口	雨水排口	团结河	整改保留	超标排放，查找超标原因，立即整改，限期达标	泰州市泰兴市常隆农化公司清净下水（雨水）排口	FA-321203-0698-GK-00	泰兴市滨江镇

序号	排污口名称	地理坐标		排（污）口类型		排入河流	整治类型	"一口一策"整治方案	规范命名	规范编码	责任主体
		东经/（°）	北纬/（°）	大类	小类						
30	团结河闸站东北30米	120.1082377	32.7528525	城镇雨洪排口	城镇雨洪排口	团结河	整改保留	制订雨洪径流排污口日常监测计划，并按计划监测	泰州市泰兴市团结河闸东北30米雨洪排口	FA-321203-0718-YH-00	泰兴市滨江镇
31	团结河卡口涵洞	119.9368274	32.17020471	城镇雨洪排口	城镇雨洪排口	团结河	整改保留	晴天有污水流出，应开展溯源调查，整改混接错接管网，采取有效措施防止向雨水管网倾倒污染物的行为	泰州市泰兴市团结河卡口雨洪排口	FA-321203-0714-YH-00	泰兴市滨江镇
32	团结河与闸北路口交点处桥下排水2	119.9282165	32.16758326	城镇雨洪排口	城镇雨洪排口	团结河	整改保留	制订雨洪径流排污口日常监测计划，并按计划监测	泰州市泰兴市滨南线蒋港桥东南角雨洪排口	FA-321203-0706-YH-00	泰兴市滨江镇
33	团结河南侧，闸北路桥西侧排水口	119.9282527	32.16765096	城镇雨洪排口	城镇雨洪排口	团结河	整改保留	晴天有污水流出，应开展溯源调查，整改混接错接管网，采取有效措施防止向雨水管网倾倒污染物的行为	泰州市泰兴市滨南线蒋港桥西南角雨洪排口	FA-321203-0707-YH-00	泰兴市滨江镇
34	滨江区新木路5号章近姚家圩	119.9223929	32.1614139	城镇雨洪排口	城镇雨洪排口	团结河	整改保留	应采取源头雨水收集处理和资源化利用，定期巡查雨水管网、清掏管道沉积物等维护措施，控制雨水径流污染	泰州市泰兴市新木路5号姚家圩雨洪排口	FA-321203-0703-YH-00	泰兴市滨江镇
35	工业园区河南雨水排放口	119.9215752	32.1658743	城镇雨洪排口	城镇雨洪排口	团结河	整改保留	应采取源头雨水收集处理和资源化利用，定期巡查雨水管网、清掏管道沉积物等维护措施，控制雨水径流污染	泰兴经济开发区工业园区雨洪排口	FA-321203-0697-YH-00	泰兴市滨江镇

序号	排污口名称	地理坐标 东经/(°)	地理坐标 北纬/(°)	排(污)口类型 大类	排(污)口类型 小类	排入河流	整治类型	"一口一策"整治方案	规范命名	规范编码	责任主体
36	团结河与闸北路交点处下黑色排水管	119.9281254	32.16771057	城镇雨洪排口	城镇雨洪排口	团结河	整改保留	制订雨洪径流排污口日常监测计划，并按计划监测	泰州市泰兴市滨南线蒋港桥西北角雨洪排口	FA-321203-0705-YH-00	泰兴市滨江镇
37	团结河与闸北路交点处下排水管3	119.9284041	32.16780063	城镇雨洪排口	城镇雨洪排口	团结河	整改保留	制订雨洪径流排污口日常监测计划，并按计划监测	泰州市泰兴市滨南线蒋港桥东北角雨洪排口	FA-321203-0708-YH-00	泰兴市滨江镇
38	新木路桥西南侧	119.9220725	32.165775	城镇雨洪排口	城镇雨洪排口	团结河	整改保留	应采取源头雨水收集处理和资源化利用、定期巡查雨水管网，清掏管道沉积物等维护措施，控制雨水径流污染	泰州市泰兴市新木路桥西南侧雨洪排口	FA-321203-0701-YH-00	泰兴市滨江镇
39	新木桥东雨排口	119.9223674	32.16609033	城镇雨洪排口	城镇雨洪排口	团结河	整改保留	应采取源头雨水收集处理和资源化利用、定期巡查雨水管网，清掏管道沉积物等维护措施，控制雨水径流污染	泰州市泰兴市新木路桥东侧雨洪排口	FA-321203-0702-YH-00	泰兴市滨江镇
40	沿江路5号靠近江苏常隆农化有限公司	119.9168679	32.16450395	城镇雨洪排口	城镇雨洪排口	团结河	整改保留	设置标志牌，制作二维码维护	泰州市泰兴市沿江路5号常隆农化雨洪排口	FA-321203-0696-YH-00	泰兴市滨江镇

序号	排污口名称	地理坐标 东经/(°)	地理坐标 北纬/(°)	排(污)口类型 大类	排(污)口类型 小类	排入河流	整治类型	"一口一策"整治方案	规范命名	规范编码	责任主体
41	阿贝尔仓储入团结河排污口	119.9284683	32.16779015	城镇雨洪排口	城镇雨洪排口	团结河	整改保留	晴天有污水流出，应开展溯源调查，整改混接错接管网，采取有效措施防止向雨水管网倾倒污染物的行为	泰州市泰兴市阿贝尔仓储入团结河排污口	FA-321203-0709-YH-00	泰兴市滨江镇
42	天马化工涵洞	119.9370833	32.17001237	城镇雨洪排口	城镇雨洪排口	团结河	整改保留	晴天有排水，应开展溯源调查、整改混接错接管网	泰州市泰兴市天马化工涵洞雨洪排口	FA-321203-0715-YH-00	泰兴市滨江镇
43	团结河—河道北岸—排水口8	119.9351083	32.169625	城镇雨洪排口	城镇雨洪排口	团结河	整改保留	晴天有排水，应开展溯源调查、整改混接错接管网	泰州市泰兴市团结河北岸1号雨洪排口	FA-321203-0712-YH-00	泰兴市滨江镇
44	团结河—河道北岸—排水口10	119.9306972	32.16840833	城镇雨洪排口	城镇雨洪排口	团结河	整改保留	制订雨洪径流排污口日常监测计划，并按计划监测	泰州市泰兴市团结河北岸2号雨洪排口	FA-321203-0710-YH-00	泰兴市滨江镇
45	团结河—河道北岸—排水口11	119.9261917	32.16713333	城镇雨洪排口	城镇雨洪排口	团结河	整改保留	晴天有排水，应开展溯源调查、整改混接错接管网	泰州市泰兴市团结河北岸3号雨洪排口	FA-321203-0704-YH-00	泰兴市滨江镇
46	团结河—河道北岸—暗管4	119.9217361	32.15797778	城镇雨洪排口	城镇雨洪排口	团结河	整改保留	制订雨洪径流排污口日常监测计划，并按计划监测	泰州市泰兴市通江河北路3号雨洪排口	FA-321203-0700-YH-00	泰兴市滨江镇
47	经济开发区工业入河排口5团结河	119.9215846	32.16587546	沟渠、河、港(涌)、排干等	沟渠、河、港(涌)、排干等	团结河	整改保留	制订雨洪径流排污口日常监测计划，并按计划监测	泰州市泰兴市团结河北岸5号雨洪排口	FA-321203-0699-GQ-00	泰兴市滨江镇

序号	排污口名称	地理坐标		排（污）口类型		排入河流	整治类型	"一口一策"整治方案	规范命名	规范编码	责任主体
		东经/（°）	北纬/（°）	大类	小类						
48	滨江工业区团结河旁边与劳边灌溉水渠闸口	119.9381884	32.17026928	农业农村排污口	种植业排口	团结河	整改保留	设置标志牌，制作二维码	泰州市泰兴市任垄桥东侧农田退水排口	FA-321203-0716-NY-00	泰兴市滨江镇
49	迎江大道靠近任垄桥	119.9379513	32.17043889	沟渠、河（涌）、港（涌）、排干等	沟渠、河（涌）、港（涌）、排干等	团结河	整改保留	设置标志牌，制作二维码	泰州市泰兴市任垄桥东南角农田退水排口	FA-321203-0717-GQ-00	泰兴市滨江镇
50	长园华盛锂电材料有限公司清下水排放口	119.9369889	32.1622411	港口码头排污口	雨水排口	通江河	整改保留	设置标志牌，制作二维码	泰州市泰兴市长园华盛锂电材料清净下水（雨水）排口	FA-321203-0680-GK-00	泰兴市滨江镇
51	新浦化学泰兴有限公司清下水排放口	119.9200878	32.15736169	港口码头排污口	雨水排口	通江河	整改保留	超标排放，查找超标原因，立即整改，限期达标	泰州市泰兴市新浦化学2号清净下水（雨水）排口	FA-321203-0666-GK-00	泰兴市滨江镇
52	厂区雨排口	119.9286701	32.15984491	港口码头排污口	雨水排口	通江河	整改保留	设置标志牌，制作二维码	泰州市泰兴市新浦化学1号清净下水（雨水）排口	FA-321203-0673-GK-00	泰兴市滨江镇
53	新浦轻烃雨排口	119.9372099	32.1622739	港口码头排污口	雨水排口	通江河	整改保留	超标排放，查找超标原因，立即整改，限期达标	泰州市泰兴市新浦轻经清净下水（雨水）排口	FA-321203-0681-GK-00	泰兴市滨江镇

序号	排污口名称	地理坐标 东经/(°)	地理坐标 北纬/(°)	排（污）口类型 大类	排（污）口类型 小类	排入河流	整治类型	"一口一策"整治方案	规范命名	规范编码	责任主体
54	三木物流有限公司清下水排放口	119.9163148	32.15632167	港口码头排污口	雨水排口	通江河	整改保留	设置标志牌，制作二维码	泰州市泰兴市三木物流清净下水（雨水）排口	FA-321203-0664-GK-00	泰兴市滨江镇
55	新浦化学排口	119.9191051	32.15701179	城镇雨洪排口	城镇雨洪排口	通江河	整改保留	超标排放，查找超标原因，立即整改，限期达标	泰州市泰兴市新浦化学3号清净下水（雨水）排口	FA-321203-0665-GK-00	泰兴市滨江镇
56	通江河与闸北路交点处水下排口3	119.931401	32.16051202	港口码头排污口	雨水排口	通江河	整改保留	设置标志牌，制作二维码	泰州市泰兴市滨南线过船桥东南角雨洪排口	FA-321203-0679-YH-00	泰兴市滨江镇
57	通江河闸口、通江河与闸北路交点处	119.9313407	32.16061544	城镇雨洪排口	城镇雨洪排口	通江河	整改保留	晴天有污水流出，应开展溯源调查，整改混接错接管网，采取有效措施防止向雨水管网倾倒污染物的行为	泰州市泰兴市滨南线过船桥东北角雨洪排口	FA-321203-0678-YH-00	泰兴市滨江镇
58	滨江工业区靠近蒋垫桥	119.9414826	32.1634935	城镇雨洪排口	城镇雨洪排口	通江河	整改保留	晴天有污水流出，应开展溯源调查，整改混接错接管，采取有效措施防止向雨水管网倾倒污染物的行为	泰州市泰兴市蒋垫桥东南侧30米雨洪排口	FA-321203-0687-YH-00	泰兴市滨江镇
59	通江河桥下排水管1通江河与新木路交叉口	119.924824	32.15884732	城镇雨洪排口	城镇雨洪排口	通江河	整改保留	制订雨洪径流排污口，并按计划监测	泰州市泰兴市通江河新木路桥东北角雨洪排口	FA-321203-0667-YH-00	泰兴市滨江镇

序号	排污口名称	地理坐标 东经/(°)	地理坐标 北纬/(°)	排（污）口类型 大类	排（污）口类型 小类	排入河流	整治类型	"一口一策"整治方案	规范命名	规范编码	责任主体
60	通江河与闸北路交点处处桥下排水管1	119.9310325	32.16058866	城镇雨洪排口	城镇雨洪排口	通江河	整改保留	制订雨洪径流排污口日常监测计划，并按计划监测	泰州市泰兴市滨南线过船桥西北雨洪排口	FA-321203-0675-YH-00	泰兴市滨江镇
61	通江河北路8095	119.927137	32.15958357	城镇雨洪排口	城镇雨洪排口	通江河	整改保留	制订雨洪径流排污口常监测监测	泰州市泰兴市通江河北路2号雨洪排口	FA-321203-0671-YH-00	泰兴市滨江镇
62	通江河沿江大道交点处桥下半淹没管	119.940083	32.16313394	城镇雨洪排口	城镇雨洪排口	通江河	整改保留	制订雨洪径流排污口，并按计划监测	泰州市泰兴市通江河沿江大道桥西南角雨洪排口	FA-321203-0683-YH-00	泰兴市滨江镇
63	三木物流公司散货堆场1	119.9138889	32.15592958	城镇雨洪排口	城镇雨洪排口	通江河	整改保留	制订雨洪径流排污口日常监测计划，并按计划监测	泰州市泰兴市三木物流散货堆场雨洪排口	FA-321203-0663-YH-00	泰兴市滨江镇
64	滨江工业区排放口	119.9437069	32.16413182	城镇雨洪排口	城镇雨洪排口	通江河	整改保留	制订雨洪径流排污口，并按计划监测	泰州市泰兴市滨江工业区雨洪排口	FA-321203-0690-YH-00	泰兴市滨江镇
65	通江北路雨水管网	119.9311196	32.16051699	城镇雨洪排口	城镇雨洪排口	通江河	整改保留	制订雨洪径流排污口，并按计划监测	泰州市泰兴市滨南线过船桥西北侧10米雨洪排口	FA-321203-0677-YH-00	泰兴市滨江镇
66	通江河与闸北路交点处处桥下排水2	119.9311089	32.16042389	城镇雨洪排口	城镇雨洪排口	通江河	整改保留	晴天有污水流出，应开展溯源调查，整改混接错接雨水管网，采取有效措施防止向雨水管网倾倒污染物的行为	泰州市泰兴市滨江线过船桥西南角雨洪排口	FA-321203-0676-YH-00	泰兴市滨江镇

序号	排污口名称	地理坐标 东经/(°)	地理坐标 北纬/(°)	排（污）口类型 大类	排（污）口类型 小类	排入河流	整治类型	"一口一策"整治方案	规范命名	规范编码	责任主体
67	通江河与沿江大道交汇处西南100米黑色长管	119.9391481	32.1668828	城镇雨洪排口	城镇雨洪排口	通江河	整改保留	制订雨洪径流排污口日常监测计划，并按计划监测	泰州市泰兴市新浦烯烃东北门东南侧雨洪排口	FA-321203-0682-YH-00	泰兴市滨江镇
68	通江河与沿江大道交汇处水面下疑似小洞排口	119.94075	32.16330414	城镇雨洪排口	城镇雨洪排口	通江河	整改保留	制订雨洪径流排污口日常监测计划，并按计划监测	泰州市泰兴河沿江大道桥东北角雨洪排口	FA-321203-0686-YH-00	泰兴市滨江镇
69	通江河桥下排水管2通江河与新木路交叉口	119.9248608	32.15873249	城镇雨洪排口	城镇雨洪排口	通江河	整改保留	制订雨洪径流排污口日常监测计划，并按计划监测	泰州市泰兴市通江河新木路桥西南角雨洪排口	FA-321203-0668-YH-00	泰兴市滨江镇
70	滨江工业园区雨水管网	119.9402665	32.16315858	城镇雨洪排口	城镇雨洪排口	通江河	整改保留	制订雨洪径流排污口日常监测计划，并按计划监测	泰州市泰兴河沿江大道桥西北角雨洪排口	FA-321203-0684-YH-00	泰兴市滨江镇
71	通江河北路0710	119.9274479	32.15960019	城镇雨洪排口	城镇雨洪排口	通江河	整改保留	制订雨洪径流排污口日常监测计划，并按计划监测	泰州市泰兴市通江河北路1号雨洪排口	FA-321203-0672-YH-00	泰兴市滨江镇
72	通江桥下排水管1通江河与新木路交叉口	119.9250221	32.15891861	城镇雨洪排口	城镇雨洪排口	通江河	整改保留	制订雨洪径流排污口日常监测计划，并按计划监测	泰州市泰兴市通江河新木路桥西北角雨洪排口	FA-321203-0669-YH-00	泰兴市滨江镇

序号	排污口名称	地理坐标		排（污）口类型		排入河流	整治类型	"一口一策"整治方案	规范命名	规范编码	责任主体
		东经/（°）	北纬/（°）	大类	小类					
73	通江河北路0766	119.93066	32.16046771	城镇雨洪排口	城镇雨洪排口	通江河	整改保留	制订雨洪径流排污口日常监测计划，并按计划监测	泰州市泰兴市通江河北路4号雨洪排口	FA-321203-0674-YH-00	泰兴市滨江镇
74	通江河桥下排水管3通江河与新木路交叉口	119.9250939	32.1587719	城镇雨洪排口	城镇雨洪排口	通江河	整改保留	制订雨洪径流排污口日常监测计划，并按计划监测	泰州市泰兴市通江河新木路桥东南角雨洪排口	FA-321203-0670-YH-00	泰兴市滨江镇
75	滨江过长线靠近沈家家湾1	119.9448599	32.16446558	农业农村排污口	种植业排口	通江河	整改保留	设置标志牌，制作二维码维码	泰州市泰兴市过长线沈家湾桥东南角农田退水口	FA-321203-0691-NY-00	泰兴市农业农村局
76	通江河长方形疑似排口	119.9415843	32.16373744	农业农村排污口	种植业排口	通江河	整改保留	设置标志牌，制作二维码维码	泰州市泰兴市通江河北路消防队南门农田退水排口	FA-321203-0688-NY-00	泰兴市农业农村局
77	通江河北路消防队东南方向	119.9430802	32.16401044	农业农村排污口	种植业排口	通江河	整改保留	设置标志牌，制作二维码维码	泰州市泰兴市通江河北路防队南侧农田退水排口	FA-321203-0689-NY-00	泰兴市农业农村局
78	靠近沈家湾排放口	119.9448894	32.16432131	农业农村排污口	种植业排口	通江河	整改保留	设置标志牌，制作二维码维码	泰州市泰兴市过长线沈家湾桥东北角农田退水口	FA-321203-0692-NY-00	泰兴市农业农村局

序号	排污口名称	地理坐标 东经/(°)	地理坐标 北纬/(°)	排（污）口类型 大类	排（污）口类型 小类	排入河流	整治类型	"一口一策"整治方案	规范命名	规范编码	责任主体
79	通江河北路沿江大道东侧	119.9405169	32.16314107	沟渠、河港（涌）、排干等	沟渠、河港（涌）、排干等	通江河	整改保留	水质属于劣V类，制订整治计划，具体见通江河整治方案	泰州市泰兴市通江河沿江大道桥东南角雨洪排口	FA-321203-0685-GQ-00	泰兴市滨江镇
80	汤臣新材料西北120米淹没管道排口	119.9459447	32.15096834	城镇雨洪排口	城镇雨洪排口	如泰运河	整改保留	设置标志牌，制作二维码	泰州市泰兴市汤臣新材料西北120米农田退水排口	FA-321203-0635-YH-00	泰兴市水务局
81	新浦轻经南侧100米水闸排口	119.9408257	32.15500528	城镇雨洪排口	城镇雨洪排口	如泰运河	整改保留	制订雨洪径流排污口日常监测计划，并接计划监测	泰州市泰兴市新浦轻经南侧100米水闸雨洪排口	FA-321203-0633-YH-00	泰兴市水务局
82	中粮面业东北侧50米淹没水闸排口	119.9531441	32.15776811	城镇雨洪排口	城镇雨洪排口	如泰运河	整改保留	制订雨洪径流排污口日常监测计划，并接计划监测	泰州市泰兴市中粮面业东北侧50米水闸雨洪排口	FA-321203-0639-YH-00	泰兴市水务局
83	新新再生资源有限公司北侧20米水闸排口	119.9286938	32.1496924	城镇雨洪排口	城镇雨洪排口	如泰运河	整改保留	设置标志牌，制作二维码	泰州市泰兴市新新再生资源北侧20米水闸雨洪排口	FA-321203-0628-YH-00	泰兴市水务局

序号	排污口名称	地理坐标 东经/(°)	地理坐标 北纬/(°)	排(污)口类型 大类	排(污)口类型 小类	排入河流	整治类型	"一口一策"整治方案	规范命名	规范编码	责任主体
84	汤臣新材料公司西北100米淹没管道排口	119.9460555	32.15075103	城镇雨洪排口	城镇雨洪排口	如泰运河	整改保留	设置标志牌,制作二维码	泰州市泰兴市汤臣新材料公司西北100米雨洪排口	FA-321203-0636-YH-00	泰兴市水务局
85	跃达实业有限公司150米北侧100米水水闸排口	119.9417686	32.15458556	城镇雨洪排口	城镇雨洪排口	如泰运河	整改保留	设置标志牌,制作二维码	泰州市泰兴市跃达实业北侧150米水水闸雨洪排口	FA-321203-0634-YH-00	泰兴市水务局
86	如泰运河与闸北路交点处西南侧287米江心心洲两个排口	119.929931	32.15065147	城镇雨洪排口	城镇雨洪排口	如泰运河	整改保留	制订雨洪径流排污口日常监测计划,并按计划监测	泰州市泰兴市如泰运河过船岛雨洪排口	FA-321203-0629-YH-00	泰兴市水务局
87	过船村南塘排涝水闸排口	119.9523957	32.15836944	沟渠、河港(涌)、排干等	沟渠、河港(涌)、排干等	如泰运河	整改保留	水质属于劣Ⅴ类,制订整治计划,具体见如泰运河整治方案	泰州市泰兴市过船村南塘村涝闸雨洪排口	FA-321203-0638-GQ-00	泰兴市水务局
88	印桥社区B1区北侧100米水闸排口	119.9574487	32.15910228	沟渠、河港(涌)、排干等	沟渠、河港(涌)、排干等	如泰运河	整改保留	水质属于劣Ⅴ类,制订整治计划,具体见如泰运河整治方案	泰州市泰兴市印桥社区B1区北侧100米水闸雨洪排口	FA-321203-0644-GQ-00	泰兴市水务局
89	过船港闸西侧100米如泰运河北岸	119.9320382	32.15255843	沟渠、河港(涌)、排干等	沟渠、河港(涌)、排干等	如泰运河	整改保留	水质属于劣Ⅴ类,制订整治计划,具体见如泰运河整治方案	泰州市泰兴市过船港闸西侧100米如泰运河北岸排口	FA-321203-0631-GQ-00	泰兴市水务局

序号	排污口名称	地理坐标		排(污)口类型		排入河流	整治类型	"一口一策"整治方案	规范命名	规范编码	责任主体
		东经/(°)	北纬/(°)	大类	小类						
90	福泰大桥西侧200米地上自然排口	119.960468	32.16005765	沟渠、河港(涌)、排干等	沟渠、河港(涌)、排干等	如泰运河	整改保留	水质属于劣V类，制订整治计划，具体见如泰运河整治方案	泰州市泰兴市福泰大桥西侧200米雨洪排口	FA-321203-0647-GQ-00	泰兴市水务局
91	滨江镇靠近过长线沈家湾2	119.94936	32.1657879	沟渠、河港(涌)、排干等	沟渠、河港(涌)、排干等	如泰运河	整改保留	设置标志牌，制作二维码	泰州市泰兴市过长线近沈家湾排口	FA-321203-0637-GQ-00	泰兴市水务局
92	如泰运河一河道南岸一排水口13	119.9400444	32.15401111	坡镇雨洪排口	坡镇雨洪排口	如泰运河	整改保留	制订雨洪径流排污口常监测计划，并按计划监测；设置标志牌，制作二维码	泰州市泰兴市跃达实业有限公司西侧130米水雨洪排口	FA-321203-0632-YH-00	泰兴市水务局
93	福泰大桥西侧100米地上管道排口	119.9622666	32.16060715	沟渠、河港(涌)、排干等	沟渠、河港(涌)、排干等	如泰运河	整改保留	水质属于劣V类，制订整治计划，具体见如泰运河整治方案	泰州市泰兴市福泰大桥西侧100米水闸雨洪排口	FA-321203-0648-GQ-00	泰兴市水务局
94	如泰大桥西侧北岸800米地上管道排口	119.9549346	32.15902435	沟渠、河港(涌)、排干等	沟渠、河港(涌)、排干等	如泰运河	整改保留	水质属于劣V类，制订整治计划，具体见如泰运河整治方案	泰州市泰兴市如泰大桥西侧北岸800米雨洪排口	FA-321203-0642-GQ-00	泰兴市水务局
95	福泰大桥西侧400米水闸排口	119.9594937	32.15983188	沟渠、河港(涌)、排干等	沟渠、河港(涌)、排干等	如泰运河	整改保留	水质属于劣V类，制订整治计划，具体见如泰运河整治方案	泰州市泰兴市福泰大桥西侧400米水闸雨洪排口	FA-321203-0645-GQ-00	泰兴市水务局

序号	排污口名称	地理坐标		排（污）口类型		排入河流	整治类型	"一口一策"整治方案	规范命名	规范编码	责任主体
		东经/（°）	北纬/（°）	大类	小类					
96	如泰大桥西侧北岸950米水地闸排口	119.9537783	32.15872749	沟渠、河港（涌）、排干等	沟渠、河港（涌）、排干等	如泰运河	整改保留	设置标志牌，制作二维码维护	泰州市泰兴市如泰大桥西侧北岸950米闸雨洪排口	FA-321203-0640-GQ-00	泰兴市水务局
97	闸南北路近5号水务局过船闸管理所	119.943216	32.153783	沟渠、河港（涌）、排干等	沟渠、河港（涌）、排干等	如泰运河	整改保留	水质属于劣Ⅴ类，制订整治计划；设置标志牌制作二维码	泰州市泰兴市闸南北路5号雨洪排口	FA-321203-0630-GQ-00	泰兴市水务局
98	如泰大桥西侧北岸815米水地闸排口	119.9548145	32.15900875	沟渠、河港（涌）、排干等	沟渠、河港（涌）、排干等	如泰运河	整改保留	水质属于劣Ⅴ类，制订整治计划；设置标志牌制作二维码	泰州市泰兴市如泰大桥西侧北岸815米闸雨洪排口	FA-321203-0641-GQ-00	泰兴市水务局
99	尤湾小区西南侧200米杨园闸排口	119.9568704	32.15976687	农业农村排污口	农村生活污水排污口	如泰运河	整改保留	水质属于劣Ⅴ类，制订整治计划；设置标志牌制作二维码	泰州市泰兴市杨园闸雨洪排口	FA-321203-0643-GQ-00	泰兴市水务局
100	福泰大桥西侧西侧380米地上管道排口	119.9595686	32.15986916			如泰运河	整改保留	设置标志牌，制作二维码；管道维护	泰州市泰兴市福泰大桥西侧380米农田退水排口	FA-321203-0646-NY-00	泰兴市水务局
101	新浦化学清水出口380丰产河	119.921312	32.14008521	港口码头排污口	雨水排污口	丰产河	规范管理	安装在线监测和视频监控设施，并与生态环境主管部门联网	泰州市泰兴市新浦化学清净下水（雨水）排口	FA-321203-0598-GK-00	泰兴市滨江镇

序号	排污口名称	地理坐标		排（污）口类型		排入河流	整治类型	"一口一策"整治方案	规范命名	规范编码	责任主体
		东经/(°)	北纬/(°)	大类	小类					
102	济川制药排污口	119.9443607	32.14646144	港口码头排污口	雨水排口	丰产河	规范管理	设置标志牌，制作二维码	泰州市泰兴市济川制药清净下水（雨水）排口	FA-321203-0603-GK-00	泰兴市滨江镇
103	兴港医药南侧30米管道排口	119.9392696	32.14525909	农业农村排污口	种植业排口	丰产河	规范管理	制订雨洪径流排污口日常监测计划，并按计划常态监测	泰州市泰兴市兴港医药南侧30米雨洪排口	FA-321203-0602-NY-00	泰兴市农业农村局
104	洪庆路西侧5米闸口	119.9601578	32.142973	农业农村排污口	种植业排口	丰产河	规范管理	设置标志牌，制作二维码	泰州市泰兴市洪庆路西侧农田退水口	FA-321203-0604-NY-00	泰兴市农业农村局
105	新宏阳化工北侧30米半淹没管道排口	119.9382029	32.14495775	城镇雨洪排口	城镇雨洪排口	丰产河	规范管理	市局方案要求仅规范，但是晴天有排油污水，建议整改	泰州市泰兴市新宏阳化工北侧30米雨洪排口	FA-321203-0601-YH-00	泰兴市滨江镇
106	鸣翔化工北侧30米半淹没管道排口	119.9359952	32.14421473	城镇雨洪排口	城镇雨洪排口	丰产河	规范管理	市局方案要求仅规范，但是晴天有排水，建议整改	泰州市泰兴市鸣翔化工北侧30米雨洪排口	FA-321203-0600-YH-00	泰兴市滨江镇
107	爱松公司北侧30米半淹没管道排口	119.9331108	32.14353464	城镇雨洪排口	城镇雨洪排口	丰产河	规范管理	制订雨洪径流排污口日常监测计划，并按计划常态监测	泰州市泰兴市爱松公司北侧30米雨洪排口	FA-321203-0599-YH-00	泰兴市滨江镇

序号	排污口名称	地理坐标		排（污）口类型		排入河流	整治类型	"一口一策"整治方案	规范命名	规范编码	责任主体
		东经/（°）	北纬/（°）	大类	小类						
108	滨江供水公司北侧排口	119.9230126	32.13125641	工业排污口	生活污水排污口	段港河	规范管理	设置标志牌，制作二维码	泰州市泰兴市滨江供水公司北侧清净下水（雨水）排口	FA-321203-0584-GY-00	泰兴市滨江镇
109	泰兴市凌飞化学科技有限公司清净下水排放口	119.9395457	32.13549816	港口码头排污口	雨水排口	段港河	规范管理	安装在线监测和视频监控设施，并与生态环境主管部门联网	泰州市泰兴市凌飞化学科技清净下水（雨水）排口	FA-321203-0589-GK-00	泰兴市滨江镇
110	昱宏化工南侧管道排口	119.9274463	32.13291948	港口码头排污口	雨水排口	段港河	规范管理	安装在线监测和视频监控设施，并与生态环境主管部门联网；设置标志牌，制作二维码	泰州市泰兴市昱宏化工清净（雨水）下水排口	FA-321203-0587-GK-00	泰兴市滨江镇
111	新段港河飞天化工排口	119.9264331	32.13255621	港口码头排污口	雨水排口	段港河	规范管理	设置标志牌，制作二维码	泰州市泰兴市飞天化工新段港河清净下水（雨水）排口	FA-321203-0586-GK-00	泰兴市滨江镇
112	滨江供水公司对面排口	119.9223397	32.13123332	工业排污口	生活污水排污口	段港河	规范管理	制订雨洪径流排污口日常监测计划，并按计划监测	泰州市泰兴市滨江供水公司对面清净下水（雨水）排口	FA-321203-0583-GY-00	泰兴市滨江镇
113	滨江供水公司西侧闸口	119.9217828	32.13066877	城镇雨洪排口	城镇雨洪排口	段港河	规范管理	制订雨洪径流排污口日常监测计划，并按计划监测	泰州市泰兴市滨江供水公司西侧闸洪西侧闸口排口	FA-321203-0582-YH-00	泰兴市滨江镇

序号	排污口名称	地理坐标 东经/(°)	地理坐标 北纬/(°)	排（污）口类型 大类	排（污）口类型 小类	排入河流	整治类型	"一口一策"整治方案	规范命名	规范编码	责任主体
114	盛泰科技北门桥西侧排口	119.9429389	32.13787167	城镇雨洪排口	城镇雨洪排口	段港河	规范管理	制订雨洪径流排污口日常监测计划，并按计划监测	泰州市泰兴市盛泰科技北门桥西侧雨洪排口	FA-321203-0590-YH-00	泰兴市滨江镇
115	鸿庆路新段港河市政雨水排口	119.9608107	32.14305042	城镇雨洪排口	城镇雨洪排口	段港河	规范管理	制订雨洪径流排污口日常监测计划，并按计划监测；设置标志牌，制作二维码	泰州市泰兴市鸿庆路新段港河市政雨水排口	FA-321203-0593-YH-00	泰兴市滨江镇
116	新港南路新段港河桥东市政雨水排口	119.9255479	32.13223904	城镇雨洪排口	城镇雨洪排口	段港河	规范管理	制订雨洪径流排污口日常监测计划，并按计划监测；设置标志牌，制作二维码	泰州市泰兴市新港南路新段港河桥东市政雨水排口	FA-321203-0585-YH-00	泰兴市滨江镇
117	金江化学工业有限公司中港路沟渠排口	119.9330486	32.13464914	城镇雨洪排口	城镇雨洪排口	段港河	规范管理	制订雨洪径流排污口日常监测计划，并按计划监测；设置标志牌，制作二维码	泰州市泰兴市金江化学中港路路南洪排口	FA-321203-0588-YH-00	泰兴市滨江镇
118	通江路南侧新段港河闸口	119.9568318	32.14203342	沟渠、河港（涌）、排干等	沟渠、河港（涌）、排干等	段港河	规范管理	设置标志牌，制作二维码	泰州市泰兴市通江路南侧新段港河闸排口	FA-321203-0591-GQ-00	泰兴市滨江镇
119	五杨大桥排涝站排劳站	119.9667508	32.1474956	农业农村排污口	种植业排口	段港河	规范管理	制订雨洪径流排污口日常监测计划，并按计划监测	泰州市泰兴市五杨大桥排涝站农田退水排口	FA-321203-0594-NY-00	泰兴市农业农村局

序号	排污口名称	地理坐标 东经/(°)	地理坐标 北纬/(°)	排(污)口类型 大类	排(污)口类型 小类	排入河流	整治类型	"一口一策"整治方案	规范命名	规范编码	责任主体
120	鸿庆路与新段港河交叉处西侧200米排口	119.9591196	32.14253203	农业农村排污口	种植业排口	段港河	规范管理	制订雨洪径流排污口日常监测计划,并按计划监测	泰州市泰兴市鸿庆路新段港河桥西侧200米雨洪排口	FA-321203-0592-NY-00	泰兴市农业农村局
121	洋思港港北路闸南南路东80米管道排口	119.9476298	32.1248707	城镇雨洪排口	城镇雨洪排口	洋思港	整改保留	制订雨洪径流排污口日常监测计划,并按计划监测	泰州市泰兴市洋思港港北路闸南南路东80米雨洪排口	FA-321203-0721-YH-00	泰兴市滨江镇
122	洋思港港北路沿江大道西50米管道排口	119.9539834	32.12781447	城镇雨洪排口	城镇雨洪排口	洋思港	整改保留	制订雨洪径流排污口日常监测计划,并按计划监测	泰州市泰兴市洋思港港北路沿江大道西50米雨洪排口	FA-321203-0722-YH-00	泰兴市滨江镇
123	洋思港港北路闸南南路东50米管道排口	119.9464101	32.12433483	城镇雨洪排口	城镇雨洪排口	洋思港	整改保留	制订雨洪径流排污口日常监测计划,并按计划监测	泰州市泰兴市洋思港港北路闸南南路东50米雨洪排口	FA-321203-0720-YH-00	泰兴市滨江镇
124	鸿庆中路洋思港市政下水排口	119.965308	32.13293733	城镇雨洪排口	城镇雨洪排口	洋思港	整改保留	制订雨洪径流排污口日常监测计划,并按计划监测	泰州市泰兴市鸿庆中路洋思港市政雨洪排口	FA-321203-0724-YH-00	泰兴市滨江镇

序号	排污口名称	地理坐标 东经/(°)	地理坐标 北纬/(°)	排(污)口类型 大类	排(污)口类型 小类	排入河流	整治类型	"一口一策"整治方案	规范命名	规范编码	责任主体
125	中港中沟洋思港公共雨水排口	119.9397834	32.12126302	城镇雨洪排污口	城镇雨洪排口	洋思港	整改保留	制订雨洪径流排污口常监测计划，并按计划监测	泰州市泰兴市中港路洋思港市政雨洪排口	FA-321203-0719-YH-00	泰兴市滨江镇
126	红旗中沟北段排涝站	119.9675439	32.13332658	沟渠、河港(涌)、排干等	沟渠、河港(涌)、排干等	洋思港	整改保留	水质属于劣V类，制订整治计划，具体见洋思港整治方案	泰州市泰兴市红旗排涝站排口	FA-321203-0725-GQ-00	泰兴市滨江镇
127	西沈岱桥东侧排口	119.9603287	32.13054333	沟渠、河港(涌)、排干等	沟渠、河港(涌)、排干等	洋思港	整改保留	水质属于劣V类，制订整治计划，具体见洋思港整治方案	泰州市泰兴市西沈岱桥东侧雨洪排口	FA-321203-0723-GQ-00	泰兴市滨江镇
128	沙桐化学有限公司双管道排口	119.9363726	32.11733209	港口码头排污口	雨水排口	翻身沟	规范管理	制订雨洪径流排污口常监测计划，并按计划监测	泰州市泰兴市沙桐化学清净下水(雨水)排口	FA-321203-0595-GK-00	泰兴市滨江镇
129	沙桐化工2号门东南门300米闸口	119.9392665	32.11284751	沟渠、河港(涌)、排干等	沟渠、河港(涌)、排干等	翻身沟	规范管理	制订雨洪径流排污口常监测计划，并按计划监测	泰州市泰兴市沙桐化学2号门东300米雨洪排口	FA-321203-0596-GQ-00	泰兴市滨江镇
130	翻身沟小桥管道排口	119.9550295	32.11978707	城镇雨洪排口	城镇雨洪排口	翻身沟	规范管理	制订雨洪径流排污口常监测计划，并按计划监测	泰州市泰兴市翻身沟小桥雨洪排口	FA-321203-0597-YH-00	泰兴市滨江镇
131	泰兴市昇科化学有限公司清净下水排放口	119.9446961	32.12391579	港口码头排污口	雨水排口	景观河	规范管理	设置标志牌，制作二维码维护	泰州市泰兴市昇科化学有限公司清净下水(雨水)排口	FA-321203-0619-GK-00	泰兴市滨江镇

序号	排污口名称	地理坐标		排（污）口类型		排入河流	整治类型	"一口一策"整治方案	规范命名	规范编码	责任主体
		东经/（°）	北纬/（°）	大类	小类						
132	红宝利西清下水排口	119.9474603	32.11883748	港口码头排污口	雨水排口	景观河	规范管理	安装在线监测和视频监控设施，并与生态环境主管部门联网	泰州市泰兴市红宝利西清净下水（雨水）排口	FA-321203-0621-GK-00	泰兴市滨江镇
133	百力化学排口	119.9392662	32.13049917	港口码头排污口	雨水排口	景观河	规范管理	安装在线监测和视频监控设施，并与生态环境主管部门联网	泰州市泰兴市百力化学清净下水（雨水）排口	FA-321203-0612-GK-00	泰兴市滨江镇
134	中丹化工排口	119.937535	32.13743582	港口码头排污口	雨水排口	景观河	规范管理	设置标志牌，制作二维码	泰州市泰兴市中丹化工清净下水（雨水）排口	FA-321203-0609-GK-00	泰兴市滨江镇
135	晟科化工清水排口	119.9410314	32.13078666	港口码头排污口	雨水排口	景观河	规范管理	设置标志牌，制作二维码	泰州市泰兴市晟科化工清净下水（雨水）排口	FA-321203-0613-GK-00	泰兴市滨江镇
136	红宝丽集团泰兴化学有限公司清下水排放口	119.9542495	32.12459322	港口码头排污口	雨水排口	景观河	规范管理	安装在线监测和视频监控设施，并与生态环境主管部门联网	泰州市泰兴市化红宝丽泰兴化学有限公司清净下水排口	FA-321203-0626-GK-00	泰兴市滨江镇
137	泰兴金燕化学科技有限公司清下水排放口	119.9439046	32.12567776	城镇雨洪排口	城镇雨洪排口	景观河	规范管理	设置标志牌，制作二维码	泰州市泰兴市金燕化学西闸南路市政雨洪排口	FA-321203-0617-YH-00	泰兴市滨江镇

序号	排污口名称	地理坐标		排（污）口类型		排入河流	整治类型	"一口一策"整治方案	规范命名	规范编码	责任主体
		东经/(°)	北纬/(°)	大类	小类					
138	升科化工东北涵洞雨排口	119.9418244	32.13008198	城镇雨洪排口	城镇雨洪排口	景观河	规范管理	制订雨洪径流排污口日常监测计划，并按计划监测	泰州市泰兴市升科化工东北涵洞雨洪排口	FA-321203-0615-YH-00	泰兴市滨江镇
139	沙桐（泰兴）化学有限公司西门半淹没管道	119.9380929	32.1146637	城镇雨洪排口	城镇雨洪排口	景观河	规范管理	制订雨洪径流排污口日常监测计划，并按计划监测	泰州市泰兴市沙桐化学有限公司西门雨洪排口	FA-321203-0611-YH-00	泰兴市滨江镇
140	通源路与闸南路交汇桥东北角市政雨水排口	119.9414958	32.13107657	城镇雨洪排口	城镇雨洪排口	景观河	规范管理	制订雨洪径流排污口日常监测计划，并按计划监测	泰州市泰兴市通源路闸南路交汇桥东北角市政雨洪排口	FA-321203-0614-YH-00	泰兴市滨江镇
141	沙桐化工2号门西南涵洞雨排口	119.9380585	32.11430537	城镇雨洪排口	城镇雨洪排口	景观河	规范管理	制订雨洪径流排污口日常监测计划，并按计划监测	泰州市泰兴市沙桐化工2号门西南涵洞雨洪排口	FA-321203-0610-YH-00	泰兴市滨江镇
142	鸿庆中路与通园路交会处	119.9624587	32.17749974	城镇雨洪排口	城镇雨洪排口	景观河	规范管理	制订雨洪径流排污口日常监测计划，并按计划监测	泰州市泰兴市鸿庆中路通园路交会处市政雨洪排口	FA-321203-0627-YH-00	泰兴市滨江镇
143	通园路沿江大道桥南侧市政雨水东排口	119.9529001	32.13453517	城镇雨洪排口	城镇雨洪排口	景观河	规范管理	制订雨洪径流排污口日常监测计划，并按计划监测	泰州市泰兴市通园路沿江大道桥南侧市政雨洪东排口	FA-321203-0625-YH-00	泰兴市滨江镇

序号	排污口名称	地理坐标 东经/(°)	地理坐标 北纬/(°)	排（污）口类型 大类	排（污）口类型 小类	排入河流	整治类型	"一口一策"整治方案	规范命名	规范编码	责任主体
144	通园路沿江大道桥北西口	119.952695	32.13474894	城镇雨洪排口	城镇雨洪排口	景观河	规范管理	制订雨洪径流排污口日常监测计划，并按计划监测	泰州市泰兴市通园路沿江大道桥北侧市政雨洪排口	FA-321203-0622-YH-00	泰兴市滨江镇
145	沙桐化工正门东20米管道排口	119.9426642	32.11385181	城镇雨洪排口	城镇雨洪排口	景观河	规范管理	制订雨洪径流排污口日常监测计划，并按计划监测	泰州市泰兴市沙桐化工正门东20米雨洪排口	FA-321203-0616-YH-00	泰兴市滨江镇
146	通园路沿江大道桥东北角	119.9528596	32.13477128	城镇雨洪排口	城镇雨洪排口	景观河	规范管理	制订雨洪径流排污口日常监测计划，并按计划监测	泰州市泰兴市通园路沿江大道桥东北角市政雨洪排口	FA-321203-0624-YH-00	泰兴市滨江镇
147	怡达化学有限公司东北管道西排口	119.9457435	32.12151884	城镇雨洪排口	城镇雨洪排口	景观河	规范管理	制订雨洪径流排污口日常监测计划，并按计划监测	泰州市泰兴市怡达化学东北雨洪排口	FA-321203-0620-YH-00	泰兴市滨江镇
148	通园路沿江大道桥南侧市政雨水西排口	119.9527802	32.1345063	城镇雨洪排口	城镇雨洪排口	景观河	规范管理	制订雨洪径流排污口日常监测计划，并按计划监测	泰州市泰兴市通园路沿江大道桥南侧市政雨洪西排口	FA-321203-0623-YH-00	泰兴市滨江镇
149	金燕化学科技有限公司西侧闸南路市政雨水排口	119.9438805	32.12539314	港口码头排污口	雨水排口	景观河	规范管理	制订雨洪径流排污口日常监测计划，并按计划监测	泰州市泰兴市金燕化学清净下水（雨水）排口	FA-321203-0618-GK-00	泰兴市滨江镇

序号	排污口名称	地理坐标		排（污）口类型		排入河流	整治类型	"一口一策"整治方案	规范命名	规范编码	责任主体
		东经/(°)	北纬/(°)	大类	小类						
150	沙桐化学有限公司滨洋线管道排口	119.936165	32.11720634	沟渠、河港（涌）、排干等	沟渠、河港（涌）、排干等	景观河	规范管理	设置标志牌，制作二维码	泰州市泰兴市沙桐化学滨洋线管道排口	FA-321203-0608-GQ-00	泰兴市滨江镇
151	天星金属工艺	119.9692156	32.09740637	港口码头排污口	生活污水排污口	天星港	整改保留	设置标志牌，制作二维码	泰州市泰兴市天星金属工艺清净下水（雨水）排口	FA-321203-0652-GK-00	泰兴市滨江镇
152	科信机电配电厂雨水管道	119.992645	32.105198	港口码头排污口	雨水排污口	天星港	整改保留	安装在线监测和视频监控设施，并与生态环境主管部门联网	泰州市泰兴市科信机电配电厂清净下水（雨水）排口	FA-321203-0662-GK-00	泰兴市滨江镇
153	芦荸河排口	119.9754061	32.07374765	沟渠、河港（涌）、排干等	沟渠、河港（涌）、排干等	天星港	整改保留	水质属于劣V类，制订整治计划；天星港整治见天星港整治方案	泰州市泰兴市芦荸河排口	FA-321203-0656-GQ-00	泰兴市滨江镇
154	翻身排劳站排口	119.992639	32.106317	沟渠、河港（涌）、排干等	沟渠、河港（涌）、排干等	天星港	整改保留	水质属于劣V类，具体见天星港整治计划；具体见天星港整治方案；设置标志牌，制作二维码	泰州市泰兴市翻身排劳站排口	FA-321203-0660-GQ-00	泰兴市滨江镇
155	天星港闸东侧排口	119.9542421	32.0927767	农业农村排污口	农村生活污水排污口	天星港	整改保留	制订雨洪径流排污口常监测计划，并按计划监测	泰州市泰兴市天星港闸东侧雨洪排口	FA-321203-0650-NY-00	泰兴市滨江镇
156	天星金属工艺公司排口	119.9708024	32.09790196	农业农村排污口	农村生活污水排污口	天星港	整改保留	制订雨洪径流排污口常监测计划，并按计划监测	泰州市泰兴市天星金属工艺雨洪排口	FA-321203-0653-NY-00	泰兴市滨江镇

序号	排污口名称	地理坐标		排（污）口类型		排入河流	整治类型	"一口一策"整治方案	规范命名	规范编码	责任主体
		东经/(°)	北纬/(°)	大类	小类						
157	农田降水沟	119.9791236	32.10025257	农业农村排污口	种植业排口	天星港	整改保留	制订雨水径流排污口日常监测计划，并按计划监测	泰州市泰兴市农田降水沟雨洪排口	FA-321203-0658-NY-00	泰兴市滨江镇
158	新星村103圩	119.9734018	32.0838662	农业农村排污口	农村生活污水排污口	天星港	整改保留	水质属于劣V类，建议从源头控制农药化肥用量，尽量采用生物农药	泰州市泰兴市新星村103圩农田退水排口	FA-321203-0655-NY-00	泰兴市滨江镇
159	大岸南组涵闸	119.9711331	32.08029129	农业农村排污口	种植业排口	天星港	整改保留	水质属于劣V类，建议从源头控制农药化肥用量，尽量采用生物农药	泰州市泰兴市大岸南组农田退水排口	FA-321203-0654-NY-00	泰兴市滨江镇
160	空水池排口	119.9435147	32.09709926	农业农村排污口	种植业排口	天星港	整改保留	水质属于劣V类，建议从源头控制农药化肥用量，尽量采用生物农药	泰州市泰兴市空水池农田退水排口	FA-321203-0649-NY-00	泰兴市滨江镇
161	朝西组一仓库	119.9785119	32.11332964	农业农村排污口	农村生活污水排污口	天星港	整改保留	水质属于劣V类，建议从源头控制农药化肥用量，尽量采用生物农药	泰州市泰兴市朝西组一仓库混合排口	FA-321203-0657-NY-00	泰兴市滨江镇
162	东方集团玻璃厂	119.9811413	32.10910691	农业农村排污口	农村生活污水排污口	天星港	整改保留	建议从源头控制农药化肥用量，尽量采用生物农药；设置标志牌，制二维码作二维码	泰州市泰兴市东方集团玻璃厂农田退水排口	FA-321203-0659-NY-00	泰兴市滨江镇

注：① 新浦化学（泰兴）有限公司。

四、主要工作内容

（一）取缔和核减

依照泰州市工作方案要求，取缔"新浦化学北厂直排管道"排污口 1 个。另外，非排污口认定标准：

① 一家一户的生活排污口。

② 农业农村面源中相互连通、换水的排污口。

③ 桥梁、道路、堤坝纯雨水的小管、石缝口。

④ 取水泵站的进水口。

⑤ 不是最终入河入江的水工构筑物设施，如引流水道、道路过水涵洞、跨河坝漫水口等。

⑥ 地表冲沟、山体渗水。

⑦ 解译结果与现场明显不符的，如沿河一家一户厕所、废弃土木设施、一段一段预制管等。

共核减"雨水管网"等排污口 11 个（表5.3-4）。

（二）设置标志牌

按照泰州市统一部署，对所有排污口都做到"一牌一码"，设置标志牌，制作能识别排污口信息的二维码，标明排污口名称、排污口类型、排入河流和特征因子等信息内容。

（三）安装水质自动监测站和视频监控系统

按照要求在通江排污口和工业企业排污口建设水质自动监测站，并与生态环境主管部门联网。根据水质自动监测站泰州市的建设标准，本工程中水质自动监测站监测指标包含水温、pH、电导率、浊度、溶解氧、高锰酸盐指数（COD_{Mn}）、$NH_3\text{-}N$ 和 TP，监测站设备配置见表5.4-1，自动监测站示意见图5.4-1。

表 5.4-1 监测站设备配置

序号	名称	系统组成		测定方法	备注
1	监测系统	高锰酸盐指数分析仪		高锰酸钾氧化分光光度法	
		氨氮分析仪		水杨酸分光光度法	
		总磷分析仪		钼酸铵分光光度法	
		常规五参数分析仪	浊度	90°散射光法	
			溶解氧	荧光法光学技术	
			温度		温度内置于pH、电导率、溶解氧传感器中
			pH	玻璃电极法	
			电导率	四极式电极法	
		取水单元			
		配水单元			
		预处理单元			
		清洗单元			
		控制单元			
		数据采集与传输单元			
		辅助单元			含防雷、清洗单元、内置空调、不间断电源（UPS）
		门禁系统		门磁	安防
		设备安装调试			
2	基建部分	水站配套基建		水泥台、接电接水、出站管路地埋等	业主负责将水电接到水质自动监测站
3	视频监控	网络摄像机		带网络接口、Wi-Fi[1]、可以插入4G[2]卡或者物联网卡	
		硬盘录像机			
		4G路由器、通信卡		插卡式	
		视频监控配套施工			
4	运维	运维服务			一年全托管运行维护，备品备件

注：① Wi-Fi 为无线网络通信技术；② 4G 为第四代移动信息系统。

（a）在线监测设备

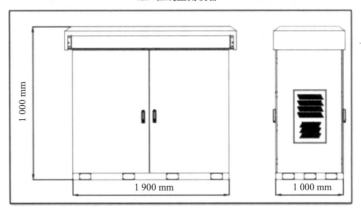

（b）在线监测设备尺寸

图 5.4-1　自动监测站示意

自动监测设备技术及性能应符合以下要求。

（1）pH

① 测量原理：玻璃电极法。

② 量程范围：0～14。

③ 精确度：±0.1。

④ 分辨率：0.01。

⑤ 重复性：±0.01。

⑥ 漂移性：±0.05。

⑦ 响应时间：≤15 s。

⑧ MTBF[①]：1 440 h 无故障。

⑨ 资质认证：取得中国环境保护产品认证（CCEP）证书，取得三防 IP68 防护等级认证证书。

⑩ 产品特点：输出信号为 RS485 Modbus RTU 标准协议；双盐桥设计，耐介质反渗，电极寿命更长；具校准记录存储功能，电极即插即用；具溶液接地功能，抗静电干扰；可进行自动温度补偿，铂热电阻感测法；具高强度蓝色球泡，耐紫外线，增加强度。

（2）电导率

① 测量原理：四极式电极法。

② 量程范围：0～200 mS/cm 自动切换量程。

③ 精确度：±1%。

④ 分辨率：0.01/0.1。

⑤ 重复性：±0.05%。

⑥ 漂移性：±0.5%。

⑦ 响应时间：≤15 s。

⑧ MTBF：1 440 h 无故障。

⑨ 资质认证：取得 CCEP 证书，取得三防 IP68 防护等级认证证书。

⑩ 产品特点：输出信号为 RS485 Modbus RTU 标准协议；四极式测量设计，不怕离子云干扰；具校准记录存储功能，电极即插即用；石墨/环氧树脂材质为测量体，耐污染性更强；自动温度补偿，铂热电阻感测法；测量面为垂直相对面，不易形成气泡。

（3）溶解氧

① 测量原理：荧光法光学技术。

---

① MTBF 为平均无故障时间。

② 量程范围：0～20 mg/L、0～200%。

③ 精确度：±0.3 mg/L。

④ 分辨率：0.01 mg/L。

⑤ 重复性：±0.05 mg/L。

⑥ 漂移性：±0.2 mg/L。

⑦ 响应时间：≤60 s。

⑧ MTBF：1 440 h 无故障。

⑨ 资质认证：取得 CCEP 证书，取得三防 IP68 防护等级认证证书。

⑩ 产品特点：输出信号为 RS485 Modbus RTU 标准协议；具校准记录存储功能，电极即插即用；内置光学衰减补偿器，传感器寿命大于 6 年；无流速要求，无极化时间要求；具低功耗光学技术/SMART 智能芯片，零点无须校准。

（4）浊度

① 测量原理：90°散射光法。

② 量程范围：0～4 000 NTU。

③ 精确度：±0.3%。

④ 分辨率：0.01/0.1。

⑤ 重复性：±0.5%。

⑥ 漂移性：±0.5%。

⑦ MTBF：1 440 h 无故障。

⑧ 资质认证：取得 CCEP 证书，取得三防 IP68 防护等级认证证书。

⑨ 产品特点：输出信号为 RS485 Modbus RTU 标准协议；具校准记录存储功能，电极即插即用；测量镜面为切斜设计，可有效防止光学镜片上附着物的干扰；具长寿命红外发光二极管（LED）光源，灯源衰减期为 5 年，寿命在 10 年以上。

（5）温度

① 温度内置于 pH、电导率、溶解氧传感器中。

② 温度精度：±0.1℃。

（6）氨氮分析仪

① 测量原理：水杨酸分光光度法。

② 技术平台：顺序注射技术平台。

③ 检测原理：分光光度法。

④ 量程范围：0～2 mg/L、0～10 mg/L（可扩展）；默认两个量程自动切换，也可锁定量程，无须标定所有量程，标定单一量程后所有量程自动调整。

⑤ 准确度：标准溶液和水样浓度≤2 mg/L，不超过±0.16 mg/L；标准溶液和水样浓度＞2 mg/L，不超过±8%。

⑥ 零点漂移：≤0.02 mg/L。

⑦ 量程漂移：≤±1%。

⑧ 重复性：±2%。

⑨ 检出限：≤0.02 mg/L。

⑩ 抗干扰试验：±6%。

⑪ 测量周期：＜25 min。

⑫ 定量方式：采用双定量环定量，适应性高于常规定量，定量环长度定制简单、易于扩展量程，无须频繁清洗及更换。

⑬ 工作电源：工作电压为单相交流电（AC）（220±20）V，频率为（50±1）Hz。

⑭ MTBF：≥720 h/次。

电容式液位检测，色度浊度对液位检测无影响，能弥补光电定量系统缺陷。

（7）总磷分析仪

① 测量原理：钼酸铵分光光度法。

② 技术平台：顺序注射技术平台。

③ 检测原理：分光光度法。

④ 量程范围：0～2 mg/L、0～10 mg/L（可扩展）；默认两个量程自动切换，也可锁定量程，无须标定所有量程，标定单一量程后所有量程自动调整。

⑤ 准确度：标准溶液和水样浓度≤0.5 mg/L，不超过±0.05 mg/L；标准溶液和水样浓度＞0.5 mg/L，不超过±10%。

⑥ 零点漂移：≤±5%。

⑦ 量程漂移：≤±5%。

⑧ 直线性：±10%。

⑨ 重复性：≤±5%。

⑩ 检出限：≤0.01 mg/L。

⑪ 抗干扰试验：±6%。

⑫ 测量周期：＜25 min。

⑬ 定量方式：采用双定量环定量，适应性高于常规定量，定量环长度定制简单、易于扩展量程，无须频繁清洗及更换。

⑭ 工作电源：工作电压为单相交流电（AC）220±20V，频率 50±1Hz。

⑮ MTBF：≥720 h/次。

电容式液位检测，色度浊度对液位检测无影响，能弥补光电定量系统缺陷。

（8）高锰酸盐指数分析仪

① 测量原理：高锰酸钾氧化分光光度法。

② 技术平台：顺序注射技术平台。

③ 检测原理：分光光度法。

④ 量程范围：0～10 mg/L、0～20 mg/L（可扩展）；默认两个量程自动切换，也可锁定量程，无须标定所有量程，标定单一量程后所有量程自动调整。

⑤ 零点漂移：≤±5%。

⑥ 量程漂移：≤±5%。

⑦ 葡萄糖试验：≤±5%（系统误差）。

⑧ 重复性：≤±5%。

⑨ 检出限：≤0.5 mg/L。

⑩ 测量周期：＜50 min。

⑪ 定量方式：采用双定量环定量，适应性高于常规定量，定量环长度定制简单、易于扩展量程，无须频繁清洗及更换。

⑫ MTBF：≥720 h/次。

⑬ 实际水样比对试验：满足《地表水自动监测技术规范（试行）》（HJ 915—2017）性能指标技术要求。

⑭ 环境温度要求：5～35℃。

⑮ 相对湿度（RH）：≤85%。

（四）日常监测

泰兴经济开发区管理委员会与第三方签订了环境监测合同，根据区域水文地质、排污口分布及均布性原则，共布设 16 个地表水环境日常监测点，水环境监测点位及监测指标（地表水）见表 5.4-2，各入河排污口列入突发状况时进行监测。

表 5.4-2 水环境监测点位及监测指标（地表水）

编号	东经/（°）	北纬/（°）	河流	断面位置
W1-1（岸边有明显水流处）	119.923473	32.122032	长江	滨江污水处理厂排口上游 500 m
W1-2（中泓）	119.914574	32.110895		
W2-1（岸边有明显水流处）	119.927130	32.112197		滨江污水处理厂排口下游 1 000 m
W2-2（中泓）	119.937757	32.117755		
W3-1（岸边有明显水流处）	119.935109	32.102158		滨江污水处理厂排口下游 2 000 m
W3-2（中泓）	119.935077	32.102421		
W4-1（岸边有明显水流处）	119.953198	32.084843		天星港入江口
W4-2（中泓）	119.944325	32.102426		
W5	119.922143	32.125249		长江开发区水厂取水口
W6	119.943747	32.155187	如泰运河	沿江大道交会处
W7	119.946890	32.147535	丰产河	沿江大道交会处
W8	119.949945	32.139851	段港河	沿江大道交会处
W9	119.937458	32.170262	团结港	沿江大道交会处
W10	119.940528	32.163290	通江河	沿江大道交会处
W11	119.918833	32.173400	东夹江	江堤路交会处
W12	119.944617	32.190579	龙稍港	水厂路交会处
W13	119.938350	32.120498	洋思港	沿江大道交会处
W14	119.939709	32.103347	芦坝港	江堤路交会处
W15	119.939675	32.103358	包家港	江堤路交会处
W16	119.957428	32.093613	天星港	沿江大道交会处

（1）监测指标

根据污染物排放标准、规划环境影响评价文件及园区特征污染物清单，确定监测指标。

常规污染指标：pH、水温、溶解氧、SS、COD、COD_{Mn}、NH_3-N、TN、TP、石油类。

特征污染物：氟化物、苯胺类、硝基苯、苯系物、挥发酚、丙烯腈、硫化物、铜、镍、锌、铅、砷、汞、镉、卤代烃、可吸附有机卤素（AOX）、总氰化物。

（2）监测频次

每月监测 1 次，每次监测 3 天。其中长江 W1～W5 断面在涨潮、落潮各监测 1 次。

（3）采样方法

采样方法按照《地表水环境质量标准》（GB 3838—2002）、《地表水和污水监测技术规范》（HJ/T 91—2002）、《污水监测技术规范》（HJ 91.1—2019）、《水质 样品的保存和管理技术规定》（HJ 493—2009）、《水质 采样技术指导》（HJ 494—2009）、《水质 采样方案设计技术规定》（HJ 495—2009）等相关标准的要求执行。

（4）分析方法

依据国家监测标准（方法）执行。

（五）管网排查与维护

针对地下雨水管网错综复杂、资料缺失的情况，利用管道机器人等技术尽可能摸排泰兴经济开发区所有地下雨水管网，绘制园区地下雨水管网三维分布图。

地下雨水管网数据采集的内容包含以下几点：① 地形数据，含管线的道路中心线至两侧第一排建筑物（含）内的地形数据，包括道路边线、道路名、权属注记，以及泵站（如有）的现行地形图等。② 雨水管道的上游、下游窨井，所在道路、路段，雨水管道管径、长度、管材、建造年代、建设单位、设计单位、施工单位等。③ 窨井的坐标，井盖标高，窨井上游、下游管底标高，窨井规格，井深、落底形式、井盖尺寸、材料等。④ 雨水口下游窨井坐标、连管管底标高、连管管径、长度、进水口型号。

外业测量工作分为平面控制测量、高程控制测量和管线开井测量三部分。在平面及高程控制测量中，采用水准仪测量、全站仪测量、实时动态全球定位系统（GPS）等技术在现场逐点采集要素特征点的 X、Y、Z 坐标，在室内编辑成图。其中，实时动态（RTK）载波相位差分技术能够快速地获取地面三维信息，受环境影响较小、机动灵活、及时快速，可直接或辅助地面数据采集。管线开井测量是通过实地开井读取管径、管底标高、井底标高、通向等数据，填写调查表。

管道部分采用管道 CCTV[①]检测,利用内窥摄像检测系统,也可以利用市政管道 CCTV 检测机器人,由控制器、升降台、摄像头、爬行器等部分组成。爬行器有 4 个轮子,看起来就像一辆放大版的玩具遥控车,它可以穿越障碍物,在排水管里自由穿行,并及时将管内信息传输给井外的操作平台,全方位记录管道状况。

管道 CCTV 检测不仅可以检测管道内部的堵塞情况,还可以检测管道材质、管径、漏水情况、破损情况。定期对管道进行管道 CCTV 排水检测,可以很好地保护管道,找出问题所在的原因,让排水管道使用时间更加长久。

五、小结

泰兴市滨江镇入河排污口分类整治验收工作,对镇辖区范围内 174 个排污口的整治工作进行核查与申报验收。经核查,滨江镇入河排污口共计 174 个,涉及长江干流、如泰运河、段港河、洋思港和天星港等河道共 11 条。

目前,已完成整治方案中要求的取缔、整治和规范等工作。经与"7 类非排口"工作要求比对以及现场实际核查修正,最终取缔 1 个排污口,核减 11 个排污口,现保留排污口 162 个。保留的排污口中整改 97 个,规范 65 个。工业排污口 2 个,农业农村排污口 20 个,城镇生活污水排污口 1 个(已申请并获许延期取缔),港口码头排污口 25 个,城镇雨洪排污口 73 个,沟渠、河港(涌)、排干等 41 个,共计 162 个排污口纳入规范管理。镇域范围内入河排污口整治完成率 100%,申请销号验收率 100%。

[①] CCTV(Closed Circuit Television,闭路电视)。

第六章

人工湿地

一、工程选址

（一）工程选址原则

① 与相关规划相协调，远近结合；既要考虑现实条件，又要保证远期规划条件下可正常运行。

② 距离长江岸线 1 km 以外，尽可能布置在距离污水处理厂相近的区域。

③ 能够与附近绿地很好地衔接，并形成整体。

④ 便于施工，省工程投资，对周边环境影响小。

（二）工程选址

① 污水厂排污引水管布设工程：工程选址位于洋思港下游南侧地块。

② 深度净化湿地建设工程：工程地址为沿江大道东侧原有绿地，北至通江路，南至澄江路。

二、工艺设计与总体布置

（一）工程设计的目标

本工程主要针对泰兴市滨江污水处理有限公司尾水，利用城镇土地资源优势，采用人工湿地深度净化技术和河道生态修复技术，尾水主要指标由符合一级 A 标准提升至符合地表水Ⅲ～Ⅳ类水质标准，彻底解决尾水污染问题，实现达标排放并营创出和谐、自然、优美的生态湿地景观。

（二）设计规模与水质

（1）水量规模

泰兴市滨江污水处理有限公司（污水处理厂）始建于 1992 年，当初设计废污水处理总规模为 11 万 m^3/d，分两期建设。1999 年 6 月一期工程开工，废污水处理规模 3 万 m^3/d，其中工业废水和生活污水处理水量分别为 2 万 m^3/d 和 1 万 m^3/d，主要来自泰兴经济开发区内各化工企业的工业废水及城区生活污水。2001 年 4 月泰兴市滨江污水处理有限公司一期工程建成。2009 年泰兴市滨江污水处理有限公司二期一阶段（二期）工程开工，2011 年 12 月该工程建成，废污水处理规模为 4 万 m^3/d，主要处理 3 万 m^3/d 城区市政生活污水和 1 万 m^3/d 泰兴经济开发区工业废水；泰兴市滨江污水处理有限公司二期二阶段（二期扩建）工程，废污水处理规模 4 万 m^3/d，主要处理 2.5 万 m^3/d 城区市政生活污水和泰兴经济开发区 1.5 万 m^3/d 工业废水，工程于 2014 年 5 月开工，2014 年 12 月竣工投产。泰兴市滨江污水处理有限公司建设分期情况见表 6.2-1。

表 6.2-1　泰兴市滨江污水处理有限公司建设分期情况

建设分期	处理规模/（万 m^3/d）	组成		备注
		生活污水/（万 m^3/d）	工业废水/（万 m^3/d）	
一期	3	1	2	2001 年建成
二期	4	3	1	2011 年建成
二期扩建	4	2.5	1.5	2014 年年底建成
总计	11	6.5	4.5	

中水回用水源由泰兴市滨江污水处理有限公司二期膜-生物反应器（MBR）清水池出水管道引入，清洗废水及 RO（反渗透）浓水排入泰兴市滨江污水处理有限公司一期进水泵房。再生水从车间通过压力管输送至周边几个相关企业回用，回用水量为 1.5 万 m³/d。

综上所述，泰兴市滨江污水处理有限公司尾水出水量，即湿地系统设计进水量，为 9.5 万 m³/d。

（2）设计水质

根据 2016 年 1 月—2018 年 9 月泰兴市滨江污水处理有限公司东厂（一期）、西厂（二期）出水水质监测数据和排水量数据进行分析，设计进水水质为东厂和西厂混合出水水质。泰兴市滨江污水处理有限公司尾水水质统计分析如表 6.2-2 所示。设计进水水质采用 2016—2018 年的月均最高值。

表 6.2-2　泰兴市滨江污水处理有限公司尾水水质统计分析

项目	COD_{Cr}/ (mg/L)	BOD_5/ (mg/L)	SS/ (mg/L)	pH	NH_3-N/ (mg/L)	TN/ (mg/L)	TP/ (mg/L)	DO/ (mg/L)
2016 年平均值	43.53	4.04	6.89	7.67	0.93	9.89	0.37	5.31
2017 年平均值	42.87	3.72	6.62	7.10	0.85	12.46	0.40	5.54
2018 年平均值	35.25	3.10	6.38	7.36	0.64	11.58	0.37	5.48
3 年平均值	40.55	3.62	6.63	7.38	0.81	11.31	0.38	5.45
月均最高值	44.61	6.00	7.07	7.83	1.52	13.9	0.43	6.36
一级 A 标准	50	10	10	6～9	5（8）	15	0.5	
Ⅲ类水标准	20	4	—	6～9	1.0	1.0	0.2	5

注：重铬酸盐指数（COD_{Cr}）为用重铬酸钾法测出 COD 的值；五日生化需氧量（BOD_5）；溶解氧（DO）。

（三）工程工艺比选

人工湿地（Constructed Wetlands，CWs）处理技术，利用生态工程的方法，在一定的填料上种植特定的湿地植物，建立起一个人工湿地生态系统，当水通过这个系统时，其中的污染物质和营养物质被系统吸收或分解，水质得到净化。

建成后的人工湿地系统是一个完整的生态系统，可形成良好的内部循环并具有较好的经济效益和生态效益，投资低、出水水质好、抗冲击力强、可增加绿地面积，同时具有改善和美化生态环境、视觉景观优异、操作简单、维护和运行费用低廉等优点。人工湿地系统在处理污水的同时种草养鱼，可以用鲜花绿叶装饰环境，把清水活鱼还给自然，节约了资源，可营造人类与水生生物协调发展的自然景观，有利于促进良性生态环境的建设，有显著的社会、环境和经济效益。

湿地系统中氮的去除主要依靠微生物的氨化作用、硝化和反硝化作用、植物的吸收同化作用。由于土壤带有负电荷，铵很容易被吸附，然后在硝化细菌的作用下被转化为亚硝态氮和硝态氮，土体恢复对铵离子的吸附功能。土体对带负电荷的亚硝态氮和硝态氮没有吸附截留能力，这两种无机物通过反硝化作用以及植物根系的吸收作用从湿地系统中被去除。因此，人工湿地对氮的去除主要是对无机氮的去除。废水中无机氮的一小部分是植物生长过程中不可缺少的物质，可以直接被植物吸收并通过植物收割从废水和湿地中被去除，而大部分无机氮的去除是通过微生物的硝化和反硝化作用来完成的。

污水流过植物的根系区，进入好氧环境，在这里发生硝化作用，植物根系也为硝化细菌提供了栖息场所。当污水流出根系区进入纯土层（缺氧和厌氧环境），反硝化作用很快就会发生。植物光合作用后将氧通过植株—根系向湿地输送，使得系统内部形成许多好氧、缺氧和厌氧微环境，为微生物的硝化和反硝化作用创造了良好条件。简言之，人工湿地中的溶解氧呈区域性变化，连续呈现"好氧、缺氧及厌氧"3 种状态，相当于许多串联或并联的 $A^2/O^①$ 工艺处理单元，使硝化和反硝化作用可以同时进行。在这种环境下，首先水中的有机氮被异养微生物（氨化细菌）转化为 NH_3-N，而后，硝化细菌在好氧环境下将 NH_3-N 转化为亚硝态氮和硝态氮，最后通过反硝化微生物的脱氧作用以及植物根系的吸收作用将无机氮从水中去除。因此，影响氮去除的主要限制过程是氮的硝化作用，冬季较低的气温抑制硝化作用和植物根系的放氧作用时，这种限制会更大。

总而言之，氮在湿地中的去除过程主要有挥发、土壤吸附和离子交换、植物吸收、硝化和反硝化作用。前两个过程的去除效果并不显著，而植物吸收去除氮的量只占总质量的 10%左右，且必须通过收割才能彻底地将其从湿地中去除，湿地去氮主要通过反硝化作用。

① A^2/O 工艺，也称 AAO 工艺，A^2/O 由 Anaerobic-Anoxic-Oxic（厌氧-缺氧-好氧）中第一个字母组成。

　　根据以上湿地净化效果分析结果，并结合泰兴市滨江污水处理有限公司的运行状况，出水各指标均能够达到一级 A 排放标准的要求，水质特点为 SS 含量低、出水透明度高，有机物含量低、NH_3-N 含量低、TN 含量高。与Ⅳ类水的主要差别为在 COD_{Cr}、TN 和 TP 中 TN 超出Ⅳ类水质标准较高。BOD_5/TN 值的大小是鉴别能否采用生物脱氮方法的主要指标，由于反硝化细菌是在分解有机物的过程中进行脱氮的，在不投加外来碳源的条件下，污水中必须有足够的有机物（碳源），才能保证反硝化作用的顺利进行，一般 BOD_5/TN≥3，即可认为污水有足够的碳源可供反硝化细菌利用。根据设计进水水质分析，本工程 TN 为 11.31 mg/L、BOD_5 为 3.62 mg/L、BOD_5/TN 约为 0.32，从该角度分析，本工程属于碳源匮乏的污水，建议在主体处理工艺阶段投加碳源，提高 TN 的去除率。本工程设计的深度净化生态湿地的主要去除目标为 COD_{Cr} 和 TP，在此基础上进一步去除 TN。

　　综上分析，可对下述 3 种常用的人工湿地工艺进行比选。

　　（1）表面流人工湿地

　　表面流人工湿地中生长着各种挺水、沉水和浮叶植物。污水以较为缓慢的流速、从较浅的水深处流过土壤表面，同时经过表面流人工湿地系统中各种生物、物理、化学作用得到净化。

　　在不同的人工湿地工艺中，表面流人工湿地总体工程造价较低，景观效果较好，但水力负荷小、处理能力较弱。根据《人工湿地污水处理工程技术规范》（HJ 2005—2010）和工程经验，表面流人工湿地进行深度处理时的水力负荷宜小于 0.1 m³/（m²·d），实际工程可适当加大。

　　根据本工程的实际情况，规划占地面积约 108 000 m²，若全部设计为表面流人工湿地，则所需的水力负荷为 0.88 m³/（m²·d），这远超出实际表面流人工湿地的水力负荷，对污染物的去除效果较差，出水水质难以达标。表面流人工湿地如图 6.2-1 所示。

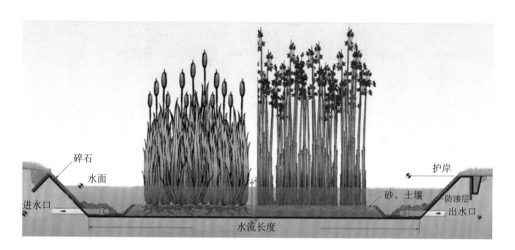

图 6.2-1 表面流人工湿地

（2）水平潜流人工湿地

水平潜流人工湿地由 1 个或多个填料床组成，床体填充基质，床底设防水层，污水从一端水平流过填料床，污水在基质的表面下流动，水位较深，因而可充分利用填料表面及植物根系上的微生物以及其他各种过程处理污水，处理效果较好，水力负荷大，对 BOD_5、COD_{Cr}、SS、重金属等的去除效果好。

与表面流人工湿地相比，水平潜流人工湿地总体工程造价较高，但其水力负荷和处理能力均有较大幅度提升，且可以根据具体情况利用填料强化对特定污染物的处理能力。

根据《人工湿地污水处理工程技术规范》（HJ 2005—2010）和工程经验，水平潜流人工湿地进行深度处理时的水力负荷宜小于 $0.5~m^3/（m^2·d）$，实际工程可适当加大，但用以满足 $0.88~m^3/（m^2·d）$ 的水力负荷要求仍不足，难以达到预期目标，且水平潜流人工湿地在运行过程中容易出现包气带高、湿地植物难以成活等问题，同时进水前端填料也容易造成堵塞。水平潜流人工湿地如图 6.2-2 所示。

布水渠   进水区   处理区   集水区   集水渠

图 6.2-2   水平潜流人工湿地

（3）氧化塘+垂直潜流人工湿地+清水涵养塘（组合湿地）

垂直潜流人工湿地在欧洲等地区得到了广泛应用。垂直潜流湿地同样由 1 个或者几个池体或渠道组成，池体或渠道间设隔墙；底部铺设防水材料以防止污水下渗。池中通常填有各种基质（如碎石、沙或者土壤等）。基质表面栽种植物。由于水流在湿地内部流动而不暴露在空气中，因此不会滋生蚊蝇，而且臭气控制也比表面流人工湿地要好得多。污水在基质孔隙间流动时可充分增加与基质的接触面积，因此垂直潜流人工湿地吸附及离子交换能力远高于水平潜流人工湿地。同时，细小的基质颗粒为微生物附着生长提供了大量的表面，垂直潜流人工湿地内部微生物非常丰富，因此水力负荷大，占地面积小，处理效率高。

污水厂尾水流经垂直潜流人工湿地中植物根茎，垂直潜流人工湿地对尾水中的 BOD_5、COD_{Cr}、SS 有一定的降解作用，将 $NH_3\text{-}N$ 氧化，转化成硝态氮，但对 TN 降解非常有限。污水在垂直潜流人工湿地中流动，碎石床深处的水体环境从好氧状态逐步转变为缺氧、厌氧状态，使厌氧细菌（包括反硝化细菌）在填料表面大量增殖形成优势菌群，在厌氧状态下降解有机污染物，并通过反硝化作用将硝态氮转化为氮气和水，从而将氮去除。而反硝化过程中也会消耗一定的有机物，水生植物和微生物的生长也会吸收一定的氮和磷。

氧化塘对污染物去除率低，但仍然有设置的必要。根据国内外人工湿地设计经验，氧化塘中植物更丰富，各类植物尤其是沉水植物所释放的活性有机碳可作为反硝化的碳源，与垂直潜流人工湿地结合效果尤佳。垂直潜流人工湿地水力负荷大、处理能力强，但投资较表面流人工湿地略多。针对不同湿地的优缺点，将氧化塘和垂直潜流人工湿地进行组合，既能满足污染物的去除要求，又兼具技术成熟、景观效果佳、投资适中的优势。

清水涵养塘可将自然净化作用与生态调控措施相结合，深度修复水质，从而形成健康水生态系统。

根据《人工湿地污水处理工程技术规范》（HJ 2005—2010）和工程经验，垂直潜流人工湿地进行深度处理时的水力负荷宜小于 1.0 m³/（m²·d），实际工程可适当加大。根据本工程的实际情况，规划占地面积约 108 000 m²，全部设计采用氧化塘+垂直潜流人工湿地，水力负荷为 0.88 m³/（m²·d），污染物的处理能力可以达到目标要求。上、下行垂直潜流人工湿地如图 6.2-3 所示。

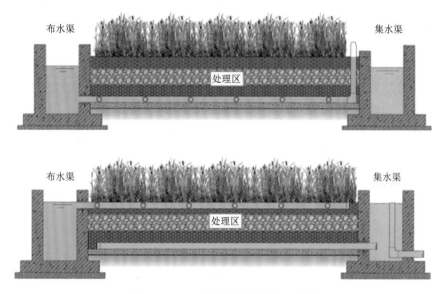

图 6.2-3 上、下行垂直潜流人工湿地

表面流人工湿地和水平潜流人工湿地都是技术比较成熟的工艺，表面流人工湿地的工程造价较低，但处理能力无法满足要求；水平潜流人工湿地也难以满足处理能力要求，且造价和运行难度较高；组合湿地既降低了工程造价，又可以达到处理能力要求，同时兼具景观效果。综合比选条件主要考虑投资和占地、运行维护成本以及技术成熟度等，对 3 种类型湿地进行综合比选，湿地方案综合比较见表 6.2-3。

表 6.2-3　湿地方案综合比较

湿地类型	投资	占地	运维难度	运维费用	处理负荷	处理效果	技术成熟度
表面流人工湿地	低	高	低	低	小	差	成熟
水平潜流人工湿地	中等	低	中等	中等	大	好	成熟
组合湿地	较低	中等	中等	较低	中等	较好	成熟

本着处理效果可靠、技术成熟、工艺简便、运维方便、景观效果佳、经济可行的原则，组合湿地工艺整体效果最佳，因此本工程选组合湿地工艺作为污水厂尾水深度处理工艺。

（四）工程技术路线

污水处理厂出水经地埋管道到达人工湿地区，经布水管均匀进入生物氧化塘，该区域主要功能为：水生植物供氧、供碳，进行硝化反应，利用大气复氧和沉水植物放氧，提高水体 DO，并通过改良基质的吸附固化等作用除磷，并利用沉水植物茎叶的阻挡和过滤进一步降低 SS；在好氧硝化菌的硝化作用下，将水中的 NH_3-N 氧化为硝态氮；利用沉水植物分泌的活性有机物，为下一步潜流人工湿地反硝化过程提供碳源。潜流人工湿地区是本系统发挥净化作用的关键，为去除低浓度的氮磷而设，填料层采用碎石级配形式，深度 1.7 m，表面有 0.15 m 的自由水层，采用大断面、短路径、小阻力设计，并种植净化能力较强的耐盐挺水植物，形成一定的有氧环境。碎石床深处水体环境从好氧状态逐步转变为缺氧、厌氧状态，主要功能为降解有机污染物和通过反硝化作用实现氮的去除。人工湿地出水经集水沟排入后续的清水涵养塘和附近河道，湿地出水依次进入清水涵养塘和附近河道，由塘内和河道的生态系统进行修复过程，模仿自然湖泊滨岸带水生植物的梯度变化，根据岸坡高程合理搭配耐水湿乔木带—湿生植物带—挺水植物带—浮叶植物带—沉水植物带，随机搭配景观植物和本土水生植物，构建稳定健康的水生态系统。利用植物、动物和微生物的综合作用，实现湿地出水氮磷的持续高效去除，并达到较低的出水浓度。

工艺流程如图 6.2-4 所示。

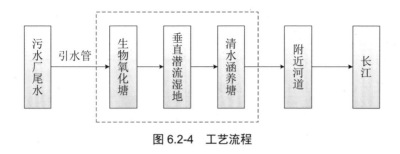

图 6.2-4 工艺流程

（五）工程总体布置

（1）工程布置总原则

配合地区的规划建设；满足湿地净化功能和河道生态功能要求；从实际出发，因地制宜，在保证处理效果的基础上，尊重现状条件，避免大拆大建。

（2）工程平面布置

工程包括引水管工程、湿地工程和河道生态修复三大部分。生态湿地位于沿江大道东侧绿地，北至通江路，南至澄江路，总面积 108 000 m²，受湿地地形限制，现有湿地地形为南北狭长型，运用"塘+潜流湿地+塘"的处理工艺，生态湿地包括生物氧化塘、垂直潜流湿地和清水涵养塘等。

引水管道沿洋思港河道南侧布设，管道长度 3 200 m，穿过沿江大道后，分南北两个方向进入洋思港两侧的湿地。湿地流场设置为由东向西，在东侧布设分水管，多点均匀进入生物氧化塘，湿地水体从东至西依次流经生物氧化塘、垂直潜流湿地和生物稳定塘，最后出水流入段港河和友联中沟。

三、工程设计

（一）引水管工程

（1）设计思路

① 尽可能在管线较短和埋深较浅的条件下，让泰兴市滨江污水处理有限公司的污水排入沿江大道东面的湿地。

② 污水管道一般沿规划道路敷设，具体位置由规划部门确定。

③ 污水管道的起始点埋深，可根据污水处理厂泵站出水压力管的埋设深度确定，根据规范，沿线管道一般在行车道下管顶覆土埋设深度不低于 0.7 m，在非行车道下不低于 0.5 m，并在当地冰冻线以下。

④ 污水管道的布置，尽量满足管道地埋要求，避免急转弯、较大的起伏、穿越不良地质地段，减少穿越铁路、公路、河流等障碍物；污水管的管位应根据区域管线综合规划进行设计，合理选择线路。

（2）引水管总体布置方案

在详细勘察现场及结合环境、经济、时效性的基础上，初步形成如图 6.3-1 所示的方案，由于洋思港北侧现状管线较多，并且建筑物相对密集，道路狭窄，施工不方便，设计尾水引水管沿着沿江南路，经洋思港闸后，向南穿过洋思港，沿洋思港南侧布设，最终穿过沿江大道进入湿地环节。

图 6.3-1　污水处理厂尾水输送管道方案

（3）过河过路节点设计方案

根据管道布置，管道需在滨江南路以东处，即在洋思港闸以东处穿过洋思港，并且需要穿过沿江大道，向北的湿地进水管再次穿过洋思港。引水管工程穿过洋思港河道 2 次，穿过主干道即沿江大道 1 次。根据管道埋深特点、穿越距离、管材特性及结构的计算结果，设计管道过河采用直接架管的方式，即在河岸两侧设计支墩，以管道自身为桥架进行过河。管道过河方案见图 6.3-2。

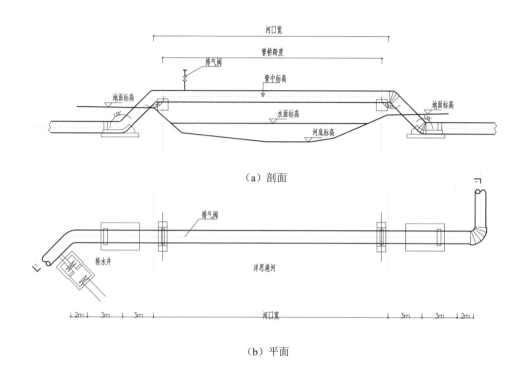

（a）剖面

（b）平面

图 6.3-2　管道过河方案

根据管道穿越道路的等级和交通情况，设计管道穿过主干道的方案有直接开挖和顶管施工两种，确认应由管理单位进行。管道顶管方案见图 6.3-3。

（a）平面

（b）剖面

图 6.3-3　管道顶管方案

（4）管材比选

在污水工程总投资中，引水管工程占很大比例，而引水管工程总投资中的管材费用约占该工程总投资的50%。污水管道属于城市地下永久性隐藏工程设施，要求具有很高的安全可靠性。因此，合理选择管材非常重要。

对管材的要求：

① 排水管道必须具有足够的强度，以承受外部荷载和内部水压。

② 排水管道必须具有抵抗污水中杂质的冲刷和磨损的作用，也应有抗腐蚀性能，特别是对一些有腐蚀性的工业废水要有一定的抗性。

③ 排水管道必须不透水，以防止污水渗出或地下水渗入，而污染地下水或腐蚀其他管线和建筑物基础。

④ 排水管道的内壁应尽量光滑，使水流阻力尽量减小。

⑤ 排水管道应尽量就地取材，并考虑预制管件及快速施工的可能，减少施工和运输的费用。

为了节省投资、运行安全，合理地选择管材具有重要的意义。管材的选择确定，需要考虑诸多因素。除考虑管材的技术特性、价格、供货条件外，还应根据具体工程情况中的管道工作压力、施工条件、土壤特性等因素决定。输水管必须具有足够的强度，以承受内部水压和外部荷载，内部水压是指水的工作压力，外部荷载包括土壤的重量以及车辆运行所造成的动荷载；同时，为保证管道在运输和施工过程中不致破裂，管道必须有足够的强度；另外，输水管材内壁应整齐、光滑，保证水流阻力尽量小。

压力流管道可供选择的管材有钢管、球墨铸铁管、预应力钢筋混凝土管、玻璃纤维增强塑料夹砂管、HDPE给水管等。表6.3-1为常用污水压力管材性能比较。

表 6.3-1　常用污水压力管材性能比较

序号	名称	优点	缺点
1	钢管	强度好，耐高压，整体性好，单位管长重量轻，运输方便，施工难度小，基础处理简单，配件制作方便，运行时不宜发生爆管事故	耐酸、耐腐蚀能力较差，电化学腐蚀严重，现场敷设时接头多，焊接及防腐层施工质量不易控制；温度应力较为明显；管材价格较高

序号	名称	优点	缺点
2	球墨铸铁管	耐腐蚀、抗氧化、耐高内压，采用"T"形柔性接口，对软土地基的适应性较好，安装方便，施工进度较快，重量轻	管道发生纵向变形时，水泥砂浆内衬易剥落；管材价格较高
3	预应力钢筋混凝土管	抗外压强度更高，当采用承插式橡胶圈柔性接口时对地基适应能力较好，施工回填要求低，管材价格较低	自重大，运输费用高，安装困难；无标准配件；余数处理困难；承插接口的加工精度较难保证；有一定管基处理要求
4	玻璃纤维增强塑料夹砂管	结构合理，承压能力强；重量轻，施工方便；内表光滑、糙率低；耐腐蚀；管材价格比金属管便宜	属柔性管，承受外压能力较差，埋地后会产生一定的径向变形；施工回填要求高
5	HDPE 给水管	化学稳定性好，耐腐蚀性能好，水利条件好，管道内壁光滑，阻力系数小，不宜结垢；相较于金属管材，密度小/材质轻；施工安装方便，维修容易；连接时采用热熔连接，可将管道连接长达数百米进行弹性敷设	属柔性管，承受外压能力较差，埋地后会产生一定的径向变形；施工回填要求高；管材价格高

（5）管材确定

根据实际情况以及泰兴市以往的工程实施经验，再结合管道的埋深、适用场合、使用条件等因素，本工程管材选用为钢管，且需按照《工业设备及管道防腐蚀工程施工规范》（GB 50726—2011）做好防腐。

（6）水力计算

1）管道内径的计算

$$D = \sqrt{\frac{4Q'}{\pi V_e}} \qquad (6\text{-}1)$$

式中：D——管道计算内径，m；

$\quad Q'$——管段设计流量，m^3/s；

$\quad V_e$——经济流速，m/s。

2）管网水力计算

管道沿程损失采用海曾威廉公式计算，局部损失按沿程损失的 10% 计。海曾威廉公式

$$h_f = 10.67 Q_f^{1.852L} / C_f^{1.852} D_f^{4.87} \qquad\qquad (6\text{-}2)$$

式中：h_f——沿程水头损失，m；

　　　Q_f——管段流量，最高日最大时用水流量，m³/s；

　　　L——计算管段长度，m；

　　　C_f——钢管取 125；

　　　D_f——管道内径，m。

（7）工程量统计

本工程管道埋设深度较浅，平均埋深 2.0 m，主要考虑开挖施工，为避免影响城市主干道的交通，在穿过沿江大道等道路时进行顶管施工，尾水输送管道工程的工程量统计如表 6.3-2 所示。

表 6.3-2　尾水输送管道工程的工程量统计

序号	工程内容	单位	数量
一	开挖施工的管线		
1	DN1200 的钢管	m	3 150
2	DN1000 的钢管	m	360
3	DN800 的钢管	m	400
4	DN700 的钢管	m	330
5	DN500 的钢管	m	700
6	阀门井	座	2
7	流量计井	个	6
8	排气阀井	个	3
9	排泥阀井	个	3
10	水泥支墩	座	4
二	顶管施工的管线		
1	DN1200 的钢管	m	80
2	顶管工作井	座	1
3	顶管接收井	座	1

（二）生态湿地工程

根据生态环境部《人工湿地水质净化技术指南》，人工湿地工艺作为污水深度处理工艺时，表面水力负荷宜为 0.2～1.0 m^3/（m^2·d），本工程人工湿地设计水量为 95 000 m^3/d，表面水力负荷取 1.0 m^3/（m^2·d），人工湿地总面积为 95 000 m^2。生态湿地由生物氧化塘+垂直潜流人工湿地+清水涵养塘组成，总面积应不低于 95 000 m^2。

污水处理厂尾水经排水泵房和污水输水管道，进入湿地的前置处理设施，即生物氧化塘。尾水进入生物氧化塘时，在污水管道上面设置流量调节阀和流量计，通过调节阀开度使生物氧化塘进水量保持在设计范围内。生物氧化塘出水经地埋式连通管自流进入下一级处理单元。

（1）生物氧化塘

用于处理污水的生态塘包括厌氧塘、兼性塘、好氧塘、水生植物塘、养鱼塘、水禽养殖塘和贮存塘等，并通过不同的组合形成了多种多样的生态塘系统。

本次设计在垂直潜流人工湿地前端设置生物氧化塘，进水有机污染物质量浓度很低，一般 BOD$_5$≤30 mg/L。常用于处理传统二级处理厂的出水，提高出水水质，以满足受纳水体或回用水的水质要求。塘中可设置植物浮岛，与悬挂填料相结合，可降解水中难降解的有机物，去除部分 COD$_{Cr}$，并提高后续单元去除效率。填料具有生物接触氧化功能，曝气阶段促进有机物和 NH$_3$-N 等污染物的进一步去除，生态浮岛下形成兼氧环境，进行反硝化脱氮的过程。生物氧化塘一方面污水沿程形成推流态，可充分进行降解反应；另一方面可以满足景观化和自然化要求。生物氧化塘意向见图 6.3-4。

图 6.3-4 生物氧化塘意向

1）主要功能

在沉水植物、漂浮植物的吸附、助凝作用下进一步去除 SS 污染物。

生物氧化塘位于湿地用地东侧，污水经泵提升后进入生物氧化塘；分为植物浮岛区和沉水植物区，盐生植物浮岛区水较深，水体表面设置浮岛，浮岛下面挂载生物填料，浮岛上种植西伯利亚鸢尾和梭鱼草等，来水中 SS 在自然沉淀、填料吸附和植物根系强化沉淀的三重作用下得以去除；沉水植物恢复区的水较盐生植物浮岛区的浅，基底种植伊乐藻、苦草等，通过植物叶面及生物膜的复合作用去除部分有机物，吸收氮磷等营养物质，NH_3-N 在沉水植物释放离子氧等好氧情况下完成硝化反应，并可使汇入的地表径流中所携带的泥沙充分沉淀。通过植物和微生物的协同作用，去除污水中耗氧有机物、悬浮物、氮、磷等。本工程生物氧化塘设计进水 BOD_5 6 mg/L，根据类似工程经验，生物氧化塘作为垂直潜流人工湿地前处理工艺时，设计 BOD_5 去除率 5%，即设计出水 5.7 mg/L。

2）基本结构

生物氧化塘面积 20 000 m^2，其中植物浮岛区水深 2.5 m，种植生态浮岛面积 2 500 m^2；沉水植物区面积 10 000 m^2，水深 1.5 m；边坡 1∶3。

生物氧化塘基底平整并夯实，底部与坡面进行防渗处理，基底以上覆盖改性种植土层 20 cm，采用营养基质土（主要成分为沸石、泥炭、草木灰）；改性种植土层上覆盖改性填料层 10 cm（3～5 cm 碎石混合 3～5 cm 斜发沸石，比例为 2∶1）。

生态浮岛采用套筒桩固定，种植西伯利亚鸢尾、梭鱼草等；浮岛下悬挂（ϕ150，L=1.0 m）生物填料，绑扎固定并采用钢筋负重（ϕ10，L=0.15 m），生物填料总量为 2 500 m^3。

沉水植物区种植土层上覆盖碎石 10 cm；采用扦插法种植沉水植物（伊乐藻和苦草等），种植密度 100 株/m^2，株高 0.5 m，种植面积 10 000 m^2。

在生物氧化塘边坡局部区域构建挺水植物种植平台，平台入水深 0.1 m，种植水生美人蕉等挺水植物，种植面积 2 000 m^2。

出水通过地下涵管进入垂直潜流人工湿地。

3）水生态系统构建

投加水生动物螺、贝类、鱼等共 600 kg。

（2）垂直潜流湿地

1）主要功能

经过生物氧化塘工艺单元之后，污水中的颗粒态污染物大部分被去除，并且在好氧条件下形成了一定数量的硝态氮，较为适合垂直潜流人工湿地进行深度处理。垂直潜流人工湿地采用大断面、短路径、小阻力的设计形式，经布水管溢出后均匀进入上行垂直潜流人工湿地，填料层采用碎石级配形式，深 1.7 m、表面有面积 0.15 m 的自由水层，出水经溢流堰进入集水池。污水从下向上流动，流过滤石床，经过一段时间后，在填料表面形成生物膜，微生物生物膜从污水中吸取可溶性有机污染物作为其生理活动所需的营养物质，在代谢过程中将有机污染物分解。

为避免生物膜脱落和悬浮物沉积造成的垂直潜流人工湿地堵塞，在填料层设底泥收集槽和出水井，根据沉积情况定期用泥浆泵对填料层进行抽滤清洗。

2）设计参数

传统上垂直潜流人工湿地面积计算使用式 6-3。

$$A_s = Q \times (\ln C_o - \ln C_e) / (K_t \times H \times n'') \tag{6-3}$$

其中

$$K_t = K_{20} \times 1.1^{T-20}, \quad K_{20} = \ln[(C_a/C_c)/t] \tag{6-4}$$

式中：A_s——垂直潜流人工湿地所需面积，m^2；

　　　　Q——每日进水量，取 95 000 m^3/d；

　　　　C_o——初始 BOD_5 质量浓度，生物氧化塘出水 BOD_5 浓度为 5.7 mg/L；

　　　　C_e——出水 BOD_5 质量浓度，取《地表水环境质量标准》（GB 3838—2002）中Ⅲ类水质标准的值，4 mg/L；

　　　　H——湿地床层深度，取 1.7 m；

　　　　n''——孔隙率，取 40%；

　　　　K_t——t℃时一级反应速率常数，本工程 t 取泰州市年平均温度，15℃；

　　　　K_{20}——取值根据基质不同而变化幅度较大，中砂介质（粒径 1 mm）取 1.84 m/d，粗砂介质（粒径 2 mm）取 1.35 m/d，砂砾介质（粒径 8 mm）取 0.86 m/d，此次垂直潜流人工湿地设计介质采用钙质公分石（粒径 2～4 cm），其 K_{20} 结合无锡第三污水处理厂实际处理分析结果，该湿地于 2008 年建成，2011 年同济大学对其有机物处理能力进行复核监测时，采用正常进水水力负荷，即 1 500 t/d，人工湿地处理系统对尾水中 COD_{Cr} 和 BOD_5 的总体去除率分别达 35.2% 和 44.3%，对尾水中总有机碳（TOC）、溶解性有机碳（DOC）、颗粒有机碳（POC）的平均去除率分别为 46.9%、45.9%、48.3%；C_a 为潜流湿地进水 BOD_5 质量浓度，平均值 7.14 mg/L；C_c 为垂直潜流人工湿地出水 BOD_5 质量浓度，值为 4.83 mg/L，孔隙率取 0.40，经反推计算 K_{20} 为 1.32 m/d。

经计算，A_s 为 60 341 m^2，计为 61 000 m^2。

湿地系统的水力停留时间（HRT）是人工湿地污水处理系统重要的设计参数之一。停留时间过短会导致湿地表面水力负荷过大，不利于水质净化，停留时间过长则会使湿地水质净化处理效率低。因此，垂直潜流人工湿地水质净化系统关键控制性参数为湿地水质净化系统的总 HRT。根据相关研究成果，垂直潜流人工湿地进行污水深度处理时，HRT 值一般 ≥0.5 d。根据

$$t = V_0 / Q \tag{6-5}$$

$$V_0 = A_s h_0 n'' + A_s (h - h_0) \tag{6-6}$$

式中：h_0——填料高度，m；

　　　h——水深，m。

垂直潜流人工湿地填料高度 1.7 m，水面高出填料 0.15 m，水深 1.85 m，垂直潜流人工湿地面积 61 000 m^2，床体孔隙率 40%，设计流量 Q=95 000 m^3/d。代入数据得 t=0.53 d。

经校核，垂直潜流人工湿地的停留时间满足要求。

3）基本结构

边坡比为 1∶3，底部平整并夯实，底部与坡面进行防渗处理。

填料：采用钙质公分石填料（粒径 4～5 cm），孔隙率 40%，填充深度 1.7 m。

水流：污水自池底布水管网溢出，布水管间距 0.5 m，污水在碎石层垂直上升，在表面汇集成 0.15 m 厚的自由水层，通过堰口溢流进入收集沟后进入下一个处理单元，最后通过瀑布跌水进入清水涵养塘。

污泥收集：在填料层下部设收集槽，砖混结构，坡度 5%，并设连通收集槽的底泥抽滤井，根据填料堵塞清理要求定期进行清淤，清淤方式选择泥浆泵抽吸。

4）植物配置

湿地填料层表面覆盖改性种植土层 20 cm，采用营养基质土（主要成分为沸石、泥炭、草木灰），栽植耐盐、吸收污染物能力强、景观效果好的水生美人蕉、旱伞草等多年生水生植物，形成一定"厚度"的有氧环境，可以继续完成氧化净化过程。

（3）清水涵养塘

清水涵养塘的主要功能为涵养清洁水源，并将自然净化作用与生态调控措施结合，深度修复水质，从而形成有利于水生态系统恢复的条件。

清水涵养塘利用沿江大道东侧的现有绿地，作为垂直潜流人工湿地出水净化的后续工艺，致力于打造颇具景观效果的季节性水下森林，全面改善水体水质，去除水体污染物，全方位构建水上、水下立体优美的植物景观（图 6.3-5）。

图 6.3-5 清水涵养塘意向

1）主要功能

在塘内种植一些维管束水生植物，能够有效地去除水中的污染物，尤其是对氮磷有较好的去除效果。水生植物塘可选种浮叶植物、挺水植物和沉水植物。选种的水生植物应具有良好的净水效果、较强的耐污能力、易于收获和有较高的利用价值。塘中投入少量河蚌和田螺，建立起动物、植物、微生物生态系统。

全面构建"草型清水态"水体；水草悠悠丛生，布满水底，鱼虾螺贝嬉戏水中，睡莲或荷花点点飘香，一片生机勃勃的生态美景。丰富了水域内物种和景观多样性，景观富有层次感和美学价值的同时增强水体的抗污染和自净能力。清澈见底的水体中，倒映着沿岸景观，水下沉水植被与浮叶植被能很好地与现有绿化带遥相辉映，更好地体现出人与自然的和谐美好。沿岸带的挺水植物对水流冲刷还具有减缓作用。同时，挺水植物形成的湿地系统不但对水质净化有良好的作用，也是多种生物的栖息地，还可搭配周边景观，配合各种驳岸类型。

2）基本结构

清水涵养塘深度 1.5 m，边坡 1∶3，面积 14 800 m²。

3）植物配置

塘内植物以景观效果好的沉水植物和浮叶植物为主，并丛植部分挺水植物和湿生植物。沉水植物选择苦草、矮型苦草、伊乐藻、水毛莨和水蕴草等，浮叶植物选择睡莲和芡实，护坡带的挺水植物选择再力花、水生美人蕉、西伯利亚鸢尾等。

挺水植物的种植密度为 25 株/m²，种植面积 3 200 m²。沉水植物区采用扦插法种植，种植密度为 100 株/m²，株高 0.5 m，种植面积 5 000 m²。浮叶植物采用小型盆栽点缀性种植，在水面上形成局部浮叶植物面，总面积约 500 m²。

4）生态系统食物链构建

依据完善食物链、提升景观效果的原则，水生动物的放养将充分考虑水生动物物种的配置结构（时空结构和营养结构），科学合理地设计水生动物的放养模式（考虑因素有种类、数量、雌雄比、个体大小、食性、生活习性、放养季节、放养顺序等）。

投加水生动物螺、贝类、鱼等共 600 kg。

（4）跌水坝

跌水坝共设置 3 处，沿区域内小河道西侧设置，清水涵养塘出水经跌水坝进入河道，这一过程不仅拥有一定的景观效果，还对水体进行了曝气增氧。

设计采用直径 800～1 200 mm 的水冲石作为拦水材料，自然堆叠，下部采用钢筋混凝土基础加固，厚 100 mm 的 C20 素砼基础垫层，底层素土夯实。图 6.3-6 为自然跌水坝。

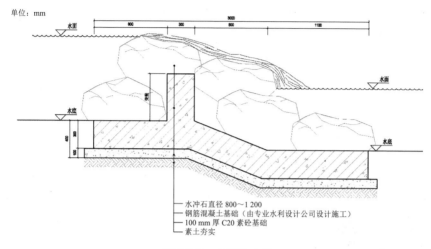

单位：mm

- 水冲石直径 800～1 200
- 钢筋混凝土基础（由专业水利设计公司设计施工）
- 100 mm 厚 C20 素砼基础
- 素土夯实

图 6.3-6 自然跌水坝

（三）河道生态系统修复工程

（1）设计思路和功能

生态净化系统的设计和构建的核心是依据生态原理，形成多层次的水生生物系统，构建或完善食物链，降解、固定或转移污染物和营养物，并通过这个过程净化水质。氮、磷等营养物进入水体后通过一系列复杂的过程，最终以水草被收割或以水生动物（鱼类等）被捕捞的形式而移出水体。水体经过生态系统营养成分的循环后得到净化，这个过程被称为水体的"生物自净"。构建水生态系统的关键是构建完善的水生植物（生产者）、水生动物（消费者）和微生物（分解者）系统，并使它们形成良性关系。

根据水体实际情况和水质处理的目标要求，科学设计水处理技术方案，在具有水体景观功能和水质净化功能的基础上，充分体现生态可持续、环境友好的设计理念。本工程针对湿地的排水河道，新段港（沿江大道至长江）和友联中沟（沿江大道至长江），以及与湿地平行的沿江大河河道，拟采用构建水生植物净化系统进行生态净化，增加滨水景观带拦截地表径流的方式，结合周边水质，增加排放口预处理，降低泥沙汇入河道，确保水质稳定。沉水植物可以吸收水体中的营养盐和有害物质，降低水体中的氮、磷浓度，以达到直接净化水质功能，并且附着在沉水植物茎叶上的微生物可以间接起到水质净化和水质调控的作用。

　　人工构建水生态系统及采取相关的水生态工程措施使水体水质得到净化，并保持水质稳定，实现景观水体的娱乐和生态服务功能，同时使景观水体维护达到低成本和长效可持续的目的。生态系统构建原理见图 6.3-7。

图 6.3-7　生态系统构建原理

（2）河道生态系统工程设计

1）植物选种原则

水生生物物种的选择一般应依照以下原则。

　　① 近自然原则：引入物种以本地土著种为主。

　　② 有效性：引入物种占据重要的生态位，在完善生态系统方面发挥显著作用，并具有高效的水质净化作用。

　　③ 观赏性：引入物种应满足景观要求，具有良好的景观观赏价值。特别是在沉水植被的配置上，兼顾暖水性和冷水性物种，保证四季见绿。

　　④ 多样性和协调性：多样性包括生物多样性、生境多样性和功能多样性，各物种的配置量和比例、结构应满足生物多样性要求，有助于构建稳定的生态系统。

　　⑤ 易维护性：所选水草应不容易疯长，生长速度较慢，每年的收割次数较少，特别是对于沉水植物，要求植株比较矮，不容易长到水面上，以减少日常的维护量，对近岸布置的沉水植物，更是需用矮化种，以适应水浅的特点，避免形成水草杂乱的景象。

　　水生植物是构建水生态系统的基础，考虑到湿地内河道宽度较小，并受护岸结构等因素的影响，本工程水生植物以挺水植物和沉水植物为主，同时投加水生动物及底栖动物。

　　通过水生态系统的完整构建，进一步提升水质并强化景观效果，后期通过水质监测、日常养护、工程测评等非工程性措施，保持长期水质效果。

　　2）河道生态系统设计

　　湿地出水排入沿江大河，最终通过北面的新段港和南面的友联中沟，排入长江。河道生态系统设计，主要结合护岸结构特点，根据河道水位变化，综合考虑历史最低水位、常水位和最高水位对生态系统的影响，不同高程设置不同类型水生植物，形成较为合理的沉水植物+浮叶植物+挺水植物+湿生植物的完整植物系统，并适当投放螺蚌类或其他底栖动物和鱼类，并设置浮游植物保育网、鱼巢和鸟巢等设施，以促进水生动物系统的发育，最终形成较为完整的水生态系统。河道生态修复植物种植典型断面见图6.3-8。

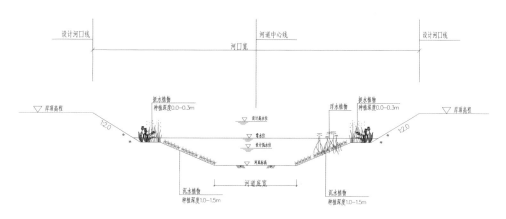

图 6.3-7　河道生态修复植物种植典型断面

　　河道生态修复工程主要工程量统计如表6.3-3所示。

表 6.3-3　河道生态修复工程主要工程量统计

序号	项目名称	单位	数量	种类
一	水生植被			
1	沉水植物种植面积	m²	8 000	苦草、伊乐藻
2	浮叶植物种植面积	m²	2 000	睡莲
3	挺水植物种植面积	m²	2 400	水生美人蕉
二	水生动物			
1	水生动物重量	kg	800	蚌、螺蛳等

（3）曝气增氧系统设计

浮水喷泉式曝气机主要由循环水泵、抗紫外线塑胶浮筒、不锈钢网罩及托盘、增氧喷头、连接管道管件、接线盒以及不锈钢连接件等部件组成，主机一体性完整，拆装维护方便（图 6.3-9）。

图 6.3-9　浮水喷泉式曝气机效果

电机带动水下叶轮旋转，将水提升喷洒到空中形成细小的水滴，水滴携带氧气返回湖中。水下叶轮的巨大扭矩带动大范围水体流动，并造成表层水体的大量搅动，为水体提供了极高的增氧率。同时水体具备了活水的流动特征，充足的氧气使水体养分保持在平衡状态，以控制沉积物和淤泥的积累。

特有的水体对流形式，在垂直循环运动过程中表层水体与底部水体交换，新鲜的氧气被输入河底，废气也会被搅混释放出水体表面，在河底形成耗氧微生物群落，这可以有效防止厌氧消化，大大减少腐烂恶臭味；表层较热的水体厌氧性较高，底部温度较低的河水被输送到表层后，抑制水体表面藻类的繁殖及生长。

根据沿江大河河道水体水质、水量和喷泉式曝气机的供气量等参数，计算得出，沿江大河中共需布设 40 套喷泉式曝气机。

（四）景观绿化工程

滨水景观绿化带部分是水陆交错的过渡地带，具有显著的边缘效应，活跃的物质循环和养分、能量流动为多种生物提供了栖息地；植物根系可固着土壤，枝叶可截留雨水，过滤地表径流，抵抗流水冲刷，从而起到保护驳岸结构稳定性、净化水质、涵养水源的作用，随着时间的推移，这些作用被不断加强；以自然的外貌出现，容易与环境取得协调，同时起到分隔交通、净化空气、减少噪声、美化城市的作用；以丰富的园林植物，完整的绿地系统，优美的景观和完备的设施发挥改善城市生态、美化城市环境的作用，为广大人民群众提供休息、游览的园地，增进人们的身心健康（图 6.3-10）。

图 6.3-10　滨水景观绿化带

滨水景观带的构建要实现景观的多样性。河道植物配置是河道景观和生态修复的重要组成部分，合理的植被配置能有效地控制水土流失、维护物种多样性、改善气候、净化空气；河道的植物姿形、优美线条、多样化组合方式可创造优美的景观环境。乔木、灌木、花草搭配适宜，层次丰富，春景秋色，四季有绿，自然和谐。

（1）绿化带植物种植群落结构要求

① 物种数量。绿化植物种类不少于 11 种。其中乔木类不少于 3 种，灌木（藤竹）类不少于 5 种，草本（地被植物）不少于 3 种。

② 平面布置。因地制宜地采用斑块状栽、条带状栽、混合栽种等方式布置绿化植物，原则上要保证绿化带平面整体上的连续性。利用不同物种在空间、时间上的分异特征进行配置，形成为乔、灌、草错落有致，季相分明的多层次立体化结构。尽量保存和利用原有河道植物群落，特别是古树名木和体形较好的孤植树。

③ 断面布置。构建完整的、适应水陆梯度变化的植物群落，从河道常水位至陆域控制线范围内依次体现湿生植物到中生植物的渐变过程。

④ 种植密度。宜根据不同植物的尺寸、株形及体量，结合萌枝、分蘖特点，同时按照有关工程规范及施工经验，合理确定每种植物的种植密度。

（2）植物选择与配置

根据植物在"海绵城市"绿地雨水控制中的作用，植物选择主要需体现净化、滞留、促渗、低维护、观赏价值 5 个方面的特性。

① 净化：该类植物具有突出的净化功能，以水生或湿生植物为主，适用于湿塘、湿地、生态浮岛、生物滞留设施等。

② 滞留：该类植物物根系发达、枝叶密实，具有突出的迟滞水流、防冲刷作用，适用于植草沟、生物滞留设施（下沉式绿地）、植被缓冲带等。

③ 促渗：该类植物根系非常发达，通过根系的作用疏松土壤，使土壤能保持良好的下渗功能。适应于渗透塘、生物滞留设施（下沉式绿地）、人工土壤渗滤、干塘等设施。

④ 低维护：该类植物的突出特点为适应能力强，抗病虫害，耐粗放管理，适用于屋顶、道路绿化带、坡地等环境较为严苛的地带及管理维护较为简单的绿地。

⑤ 观赏价值：该类植物的突出特点为观赏价值高，适应于城市公园、居住区绿地、主干路绿化带等对美化功能要求较高的生物滞留设施（下沉式绿地）、雨水塘和湿地地区。

（3）主要植物品种

工程涉及主要植物品种见图 6.3-11。

图 6.3-11　工程涉及主要植物品种

本工程湿地净化区包含跌水坝、游憩步道等休闲休憩构筑物及设施，因此可大量种植东方杉、中山杉以及落羽杉等高大色叶树种作为背景，围合成层次丰富、环境优美的休闲、休憩空间。湿地植物考虑耐盐性，应主要选择耐盐性好、景观效果好的黄菖蒲，并于湿地内设置树池，种植落羽杉和池杉等；游步道两侧生态草坪则种植以草质细、耐践踏、耐盐性的狗牙根为主的植物，局部散植银杏、枫香树等高大乔木，形成郁闭度 0.4～0.6 的疏林草地群落。

四、工程目标可达性分析

（一）工程预期功能

根据上述生态修复工艺设计，期望达成以下功能。

（1）生态功能

在湿地系统内种植适应苏中地区自然生境条件、生态价值高的水生植物本地种，以及具有一定观赏性、水质净化功能的湿地植物等。对关键植物群丛的空间格局进行合理配置，形成自然恢复力较强、建群种稳定性高的湿地植被群落，为鸟类、鱼类、浮游动物、底栖动物等提供适宜的生境，营造生物多样性高、食物链完整的湿地生态系统，并形成优美的自然生态景观。

（2）水质净化功能

根据泰兴经济开发区污水处理厂来水特点，本工程将前置净化单元、垂直潜流人工湿地、清水涵养塘组合，形成水质强化净化湿地，达成水质净化功能目标。所设计的水质强化净化湿地的目标污染物为 BOD_5、TN、TP 3 种，根据 2016—2018 年尾水月均最差值计算，经过湿地处理，预期水质可达Ⅲ类标准。从最不利角度考虑，受最大水量及最差水质以及冬季挺水植物吸收作用、微生物分解作用降低的影响，系统对污染物的去除效率易受低温影响而下降，从而导致出水水质波动等情况发生，经湿地和河道处理后主要水质指标基本可以稳定在Ⅳ类标准。预期处理效果见表 6.4-1。

表 6.4-1 预期处理效果

项目	BOD$_5$	NH$_3$-N	TP
氧化塘去除率/%	5	5	20
垂直潜流人工湿地去除率/%	30	35	20
清水涵养塘去除率/%	5	5	30
本方案总去除率/%	40	45	70
尾水 2016—2018 年月均最差值/（mg/L）	6	1.52	0.43
预期值/（mg/L）	3.6	0.84	0.13
水质标准	Ⅲ类	Ⅲ类	Ⅲ类

（二）工程目标可达性分析

国家及省政府对长江水环境保护、河流水环境综合整治高度重视。近年来，在泰兴市委、市政府和泰兴经济开发区管理委员会的领导下，在市人大、市政协的支持帮助下，泰兴经济开发区经济保持较好的发展态势，整体经济实力增加，这为本工程的实施提供了资金保障。

此次泰兴市滨江污水处理有限公司尾水生态净化湿地工程，涉及的管道系统、人工湿地技术和水生态修复技术经国内外研究应用，技术趋于成熟。此外，其他地区的城市污水处理厂尾水深度净化工程已有成功案例，为泰兴经济开发区水系水环境综合整治提供经验、借鉴。

此次可研报告编制单位及联合技术协助单位，在污水处理厂尾水深度净化技术领域，有多个成功案例，积累了丰富的设计工作经验，为此次设计工作提供了可靠有力的技术保障。

本工程技术团队先后参与国家高技术研究发展计划（863 计划）课题"滇池入湖河流水环境治理技术与工程示范"第四子课题"河口水质净化技术研究与工程示范技术成果报告"、无锡太湖国家旅游度假区污水处理中心尾水净化建设项目可行性研究等研究工作，在澄江县污水处理厂设立实验基地，对尾水深度净化湿地工艺中的工艺设置、填料选择、植物筛选等环节进行了深入的科学研究，并形成了详细的研究报告，积累了丰富的设计经验。

在"十一五"水专项期间，本工程技术团队参与了"'十一五'水专项——两湖一河治理项目"的研究工作，结合无锡市城北第三污水处理厂尾水深度净化工程，利用厂区三期工程周边绿化约 6 900 m² 的预留地，构建了小型人工湿地示范区（其中水域面积 4 545 m²，景观绿化面积 2 355 m²），设计处理规模 2 000 m³/d，出水水质达 V 类标准，并对进出水进行长期监测后，对该项技术的处理能力有了详尽认识，积累了全面的设计施工经验。

第七章

河道整治闸站调度

本工程研究区域为泰兴经济开发区（滨江镇），拟建立区域内一维河网水动力水质数学模型，模拟不同水情下水网的水流运动及污染物分布，为涉水工程设计、闸涵运行调度、河道生态环境治理等提供技术支撑，研究成果将助力园区与镇区河道水环境整体提升。

一、河网数学模型

（一）控制方程

（1）水动力模块

MIKE11（丹麦水资源及水环境研究所出品）水动力学模型研究某一流域内河道的非连续性水流运动规律，模型结果可具体描述河道水流运动的基本特征。描述河道水流运动的圣维南方程组为

$$\begin{cases} \dfrac{\partial Q}{\partial x} + b\dfrac{\partial h}{\partial t} = 0 \\ \dfrac{\partial Q}{\partial t} + \dfrac{\partial\left(\alpha\dfrac{Q^2}{A}\right)}{\partial x} + gA\dfrac{\partial h}{\partial x} = 0 \end{cases} \tag{7-1}$$

式中：Q——河道断面流量，$\mathrm{m^3/s}$；

x——距水道某固定断面沿流程的距离，m；

b——河宽，m；

h——水位，m；

t——时间，s；

a——动量校正系数；

A——过水面积，m^2；

g——重力加速度。

引入蓄存宽度（b_s），得

$$\begin{cases} \dfrac{\partial A}{\partial x} = b_s \dfrac{\partial h}{\partial t} \\ \dfrac{\partial Q}{\partial x} + b_s \dfrac{\partial h}{\partial t} = q \end{cases} \tag{7-2}$$

MIKE11 水动力学模型采用 6 点 Abbott-Ionescu 有限差分格式对上述控制方程组求解（图 7.1-1），该离散格式在每一个网格节点并不同时计算水位和流量，而是按顺序交替计算水位和流量，分别称为 h 点和 Q 点，该格式为无条件稳定，可以在相当大的库朗（Courant）数下保持计算稳定，可以取较长的时间步长以节省计算时间。

$$\begin{cases} \dfrac{\partial Q}{\partial x} \approx \dfrac{\dfrac{Q_{j+1}^{n+1} + Q_{j+1}^{n}}{2} - \dfrac{Q_{j-1}^{n+1} + Q_{j-1}^{n}}{2}}{\Delta 2x_j} \\ \dfrac{\partial h}{\partial t} \approx \dfrac{h_j^{n+1} - h_j^{n}}{\Delta t} \\ b_s = \dfrac{A_{o,\,j} + A_{o,\,j+1}}{\Delta 2x_j} \end{cases} \tag{7-3}$$

式中：$A_{o,j}$——网格点 $j-1$ 和 j 之间的水表面面积，m^2；

$A_{o,j+1}$——网格点 j 和 $j+1$ 之间的水表面面积，m^2；

$2\Delta x_j$——网格点 $j-1$ 和 j 之间的距离，m。

则

$$b_s \frac{h_j^{n+1} - h_j^{n}}{\Delta t} + \frac{\dfrac{Q_{j+1}^{n+1} + Q_{j+1}^{n}}{2} - \dfrac{Q_{j-1}^{n+1} + Q_{j-1}^{n}}{2}}{\Delta 2x_j} = q_j \tag{7-4}$$

令 $\alpha_j Q_{j-1}^{n+1} + \beta_j h_j^{n+1} + \gamma_j Q_{j+1}^{n+1} = \delta_j$，在水位点的动量方程为

$$\begin{cases} \dfrac{\partial Q}{\partial t} \approx \dfrac{Q_j^{n+1} - Q_j^n}{\Delta t} \\[3mm] \dfrac{\partial \left(\alpha \dfrac{Q^2}{A} \right)}{\partial x} \approx \dfrac{\left[\alpha \dfrac{Q^2}{A} \right]_{j+1}^{n+1/2} - \left[\alpha \dfrac{Q^2}{A} \right]_{j-1}^{n+1/2}}{\Delta 2x_j} \\[3mm] \dfrac{\partial h}{\partial x} \approx \dfrac{\dfrac{(h_{j+1}^{n+1} + h_{j+1}^n)}{2} - \dfrac{(h_{j-1}^{n+1} + h_{j-1}^n)}{2}}{\Delta 2x_j} \end{cases} \tag{7-5}$$

动量方程化简为

$$\alpha_j h_{j-1}^{n+1} + \beta_j Q_j^{n+1} + \gamma_j h_{j+1}^{n+1} = \delta_j \tag{7-6}$$

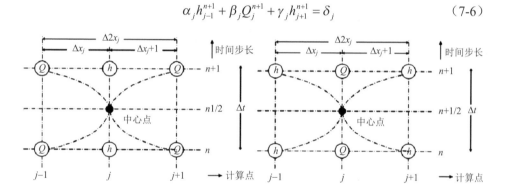

图 7.1-1　6 点 Abbott-Ionescu 求解圣维南方程组

（2）水工建筑物模块

本研究涉及的水工建筑物主要有泵站和水闸两类。泵站通过设定泵站位置、流量、水泵启动水位和停止水位等参数来设定；水闸采用泄洪闸的模式启闭，底流式闸门启闭示意见图 7.1-2。

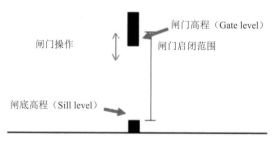

图 7.1-2　底流式闸门启闭示意

（二）河网概化

根据现状河道水系及控制闸、排涝泵站（引水泵站）位置，按照地形条件和水流状态，将研究区域内主要河道和闸站进行概化，重点分析主要骨干河道，忽略对整个河网影响极小的不参与河网水体交换的小水塘等。现状河网水系概化情况、控制闸门位置、引水泵站位置分别见图 7.1-3、图 7.1-4、图 7.1-5，现状河网水系概化河道、控制闸门、引水泵站信息分别见表 7.1-1、表 7.1-2、表 7.1-3。

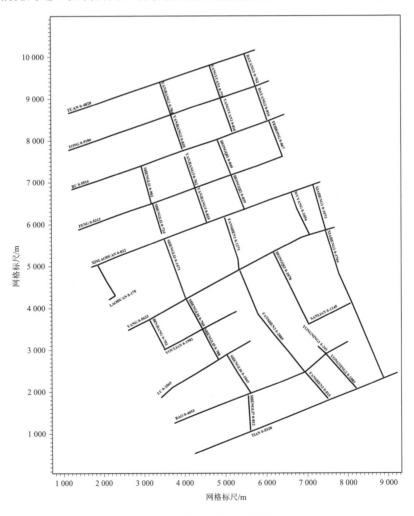

图 7.1-3　现状河网水系概化情况

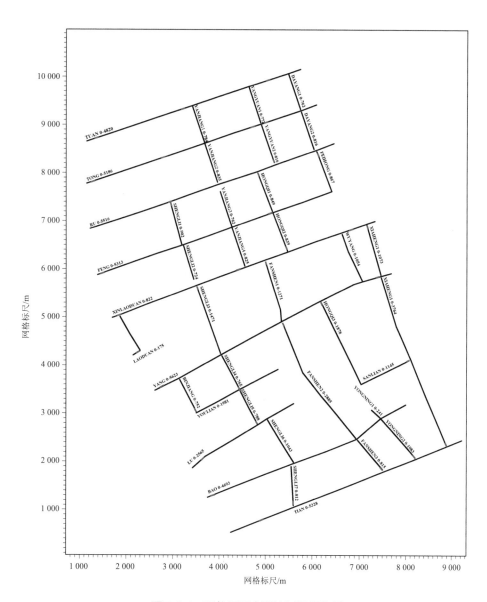

图 7.1-4　现状河网水系控制闸门位置

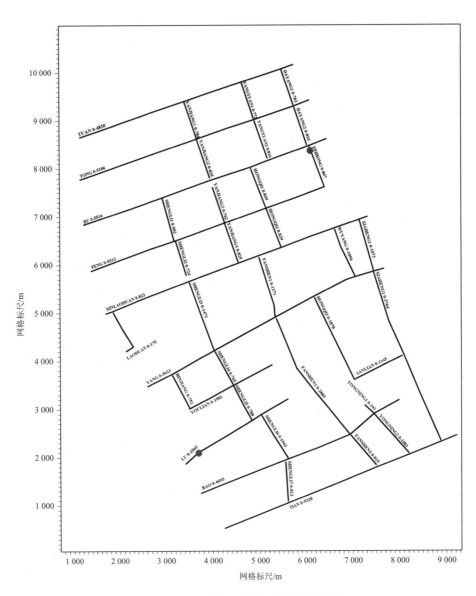

图 7.1-5 现状河网水系引水泵站位置

表 7.1-1　现状河网水系概化河道信息

序号	河道名	河道 ID	河长/m	河道走向
1	团结河	TUAN	4 820	东一西
2	通江河	TONG	5 186	东一西
3	如泰运河	RU	5 516	东一西
4	丰产河	FENG	5 313	东一西
5	新段港	XIN	5 969	东一西
6	洋思港	YANG	5 632	东一西
7	芦坝港	LU	2 565	东一西
8	包家港	BAO	4 693	东一西
9	天星港	TIAN	5 328	东一西
10	友联中沟	YOULIAN	1 981	东一西
11	三联中沟	SANLIAN	1 145	东一西
12	大杨河 1	DAYANG1	762	南一北
13	大杨河 2	DAYANG2	816	南一北
14	杨元河 1	YANGYUAN1	772	南一北
15	杨元河 2	YANGYUAN2	816	南一北
16	沿江大河 1	YANJIANG1	784	南一北
17	沿江大河 2	YANJIANG2	835	南一北
18	沿江大河 3	YANJIANG3	762	南一北
19	沿江大河 4	YANJIANG4	825	南一北
20	飞鸿中沟	FEIHONG	867	南一北
21	红旗中沟 1	HONGQI1	849	南一北
22	红旗中沟 2	HONGQI2	839	南一北
23	胜利中沟 1	SHENGLI1	902	南一北
24	胜利中沟 2	SHENGLI2	724	南一北
25	胜利中沟 3	SHENGLI3	1 471	南一北
26	胜利中沟 4	SHENGLI4	765	南一北
27	胜利中沟 5	SHENGLI5	788	南一北
28	滨江中沟	BINJIANG	752	南一北
29	翻身中沟 1	FANSHEN1	1 271	南一北
30	翻身中沟 2	FANSHEN2	2 884	南一北
31	翻身中沟 3	FANSHEN3	815	南一北
32	永宁中沟 1	YONGNING1	241	南一北
33	永宁中沟 2	YONGNING2	1 083	南一北

序号	河道名	河道 ID	河长/m	河道走向
34	红旗中沟 3	HONGQI3	1 878	南—北
35	五杨中沟	WUYANG	1 054	南—北
36	下横港 1	XIAHENG1	1 073	南—北
37	下横港 2	XIAHENG2	3 764	南—北
38	胜利中沟 6	SHENGLI6	1 043	南—北
39	胜利中沟 7	SHENGLI7	812	南—北
40	老段港	LAODUAN	175	南—北
41	新老段港	XINLAODUAN	822	南—北

表 7.1-2 现状河网水系控制闸门信息

序号	闸门名称	闸门 ID	河道名	河道 ID	里程/m	闸底板高程/m	闸宽/m	闸高/m
1	长沟闸	CGZ	团结河	TUAN	724	0.5	2.5	3
2	张邱闸	ZQZ	团结河	TUAN	2 650	0.5	2.5	2.5
3	团结闸	TJZ	团结河	TUAN	4 557	0	4	6
4	刘元东闸	LYDZ	通江河	TONG	1 173	0.5	2.5	3
5	刘元西闸	LYXZ	通江河	TONG	1 426	0.5	2.5	3
6	诸港闸	ZGZ	通江河	TONG	3 482	0.5	2.5	2.5
7	排涝二闸	PLEZ	通江河	TONG	4 997	0	2.5	3
8	杨元闸	YYZ	杨元河 2	YANGYUAN2	786	0.5	4.5	4
9	过船闸	GCZ	如泰运河	RU	3 727	−1.5	21	9.5
10	飞鸿闸	FHZ	飞鸿中沟	FEIHONG	100	0.5	4	2
11	繁荣闸	FRZ	红旗中沟 1	HONGQI1	30	0.5	1.5	2
12	胜利一闸	SLYZ	胜利中沟 1	SHENGLI1	55	0	2	2
13	丰产一闸	FCYZ	丰产河	FENG	1 385	0.5	3	3
14	排涝一闸	PLYZ	丰产河	FENG	5 187	0	2.5	2.5
15	红旗一闸	HQYZ	红旗中沟 2	HONGQI2	759	0.5	3	3
16	段港一闸	DGYZ	新段港	XIN	484	0.5	3	4
17	段港东闸	DGDZ	新段港	XIN	3 071	0	2.5	2.5
18	新段港闸	XDGZ	新段港	XIN	5 821	0	5	4.5
19	东方红闸	DFHZ	翻身中沟 1	FANSHEN1	30	0.5	2.5	4
20	胜利二闸	SLEZ	胜利中沟 3	SHENGLI3	25	0	3	3
21	老段港闸	LDGZ	老段港	LAODUAN	75	0	1.7	2
22	东风闸	DFZ	洋思港	YANG	323	0.5	4	4

序号	闸门名称	闸门 ID	河道名	河道 ID	里程/m	闸底板高程/m	闸宽/m	闸高/m
23	洋思港闸	YSGZ	洋思港	YANG	5 400	0	4	6
24	红旗二闸	HQEZ	红旗中沟 3	HONGQI3	30	0.5	3.5	3
25	三友闸	SYZ	翻身中沟 2	FANSHEN2	30	0.5	2	4
26	滨江闸	BJZ	滨江中沟	BINJIANG	732	0	3	3
27	胜利三闸	SLSZ	胜利中沟 4	SHENGLI4	745	0	3	3
28	胜利四闸	SLSIZ	胜利中沟 5	SHENGLI5	10	0	3	3
29	胜利五闸	SLWZ	胜利中沟 5	SHENGLI5	758	0	2	2
30	芦坝港闸	LBGZ	芦坝港	LU	2 206	0	4	6
31	三联中沟东闸	SLDZ	三联中沟	SANLIAN	20	0.5	3	3
32	包家港闸	BJGZ	包家港	BAO	4 594	0	2	3
33	天星港闸	TXGZ	天星港	TIAN	4 574	−1.5	21	9.5
34	永宁闸	YNZ	永宁中沟	YONGNING2	1 053	0.5	2.5	4
35	翻身闸	FSZ	翻身中沟 3	FANSHEN3	785	0.5	4.5	5
36	星火闸	XHZ	胜利中沟 7	SHENGLI7	782	0.5	2.5	4
37	下横一闸	XHYZ	下横港 1	XIAHENG1	30	0.5	3	3
38	下横二闸	XHEZ	下横港 2	XIAHENG2	3 723	0.5	3	3

表 7.1-3 现状河网水系引水泵站信息

序号	引水泵站名称	泵站 ID	河道名	河道 ID	里程/m	引水流量/（m³/s）	备注
1	飞鸿泵站	FHB	飞鸿中沟	FEIHONG	100	4	已建
2	芦坝泵站	LBB	芦坝港	LU	2 206	4	在建

（三）断面概化

断面文件内容即为模型中的所有信息，包含断面形状、所在河流位置、水力半径等指标的信息，数据分为原始数据和处理数据两种类型。原始数据为实际测量得来的断面形状数据；处理数据为模型自动计算原始数据得出的如断面面积等指标的数值。在每条河流的起始断面、结束断面、河流交界处以及水利工程上游、下游附近均需要设定断面形状。

区域内河道高程、河宽等根据《江苏省泰兴经济开发区治涝规划（报批稿）》

以及实测河道断面数据等进行设置。根据收集的资料及河网概化情况，共设置148个断面。河道断面编辑器及断面形状概化见图7.1-6。

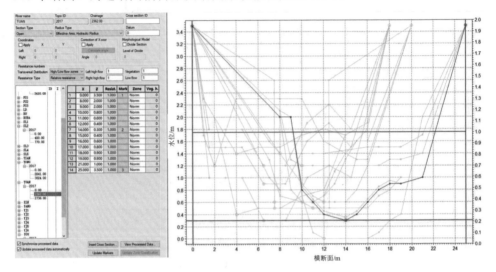

图 7.1-6　河道断面编辑器（左）及断面形状概化（右）

（四）初始条件

一维河网水动力模型初始水位条件采用研究区域河网常水位，取 2.4 m。

（五）边界条件

（1）上游边界

研究区域内有 6 条河流（团结河、通江河、如泰运河、新段港、洋思港、天星港）与上游连通，上游边界采用水位控制，根据《江苏省泰兴经济开发区治涝规划（报批稿）》，研究区域内常水位取 2.4 m。

（2）下游边界

研究区域内与长江连通的河流河道有 10 条，为团结河、通江河、如泰运河、丰产河、新段港、老段港、洋思港、芦坝港、包家港、天星港，下游采用长江枯水期潮位过程。

由于长江泰兴段内无水文监测站，可借鉴研究区域内如泰运河过船港闸水文站的潮位资料，该闸距长江河口约 1.7 km。根据 2019—2020 年实测过船港闸下游潮位过程数据，概化模型下游边界潮型，其中高潮位 2.2 m，低潮位 0.4 m，涨潮历时 3.5 h，落潮历时 8.5 h（图 7.1-7）。

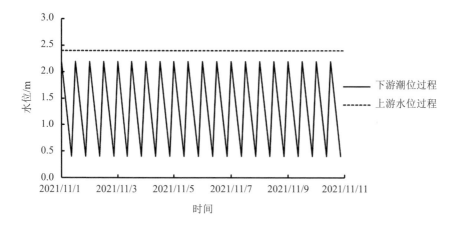

图 7.1-7　模型上游、下游边界水位（潮位）过程

（3）闸站边界

水闸边界按照泄洪闸的方式给定，闸宽、最大开启高度、底高程等指标的信息可根据实际情况概化进河道。闸门开启高度以及引水泵站流量根据不同的模拟方案单独给定。

（六）参数选取

在无实测资料但仍进行参数率定的情况下，河床糙率系数（n_c）参考以下数值：① 顺直、清洁、水流通畅的河道，n_c 取 0.025；② 一般性河道（具少量石块或杂草），n_c 取 0.035；③ 不规则、弯曲的河道，石块或水草较多，n_c 取 0.04；④ 淤塞，有杂草、灌木或不平整河滩的河道，n_c 取 0.067；⑤ 杂草丛生，水流翻腾，n_c 取 0.087；⑥ 多树、河滩宽广、具有较大面积死水区或沼泽型的河道，n_c 取 0.14。本区域河道属于一般性河道，模型 n_c 取值为 0.03～0.04。

二、闸站运行调度方案模拟

基于现状河网水系和闸站位置，模拟区内闸门不同调度方案下的河道水位及流速，比较不同方案计算结果，确定活水工程的最优闸站运行调度原则。

（一）模拟方案

本工程的闸站运行调度方案主要服务于泰兴经济开发区活水工程，目标是增加河网水系中各河道的流速，同时保证一定的水位［根据《泰州市通南地区水利规划（2013—2030）》，该区域要求最低水位 2.0 m］。

活水思路可从以下 4 个方面考虑。

① 利用长江高水位时段，通过沿江几个闸门自引长江水进入内河河网。根据如泰运河过船港闸上下游水位资料，分析可知，枯水期长江水位明显低于内河水位，沿江闸门无自引条件。

② 通过沿江闸站，泵引长江水进入内河。目前沿江有泵引条件的闸站为芦坝港闸，该闸尚处于在建阶段。

③ 利用长江低水位时段，根据内河和长江的水位差，打开沿江闸门排水，增强内河水动力，同时兼顾内河的最低水位要求。

④ 在③的基础上，利用飞鸿中沟与如泰运河连接处的飞鸿闸站，从如泰运河引水，进一步增强内河水动力，同时兼顾内河最低水位要求。

根据上述分析可知，该阶段③和④的思路可行，由此可确定本工程闸站运行调度模拟方案，5 种方案详见表 7.2-1～表 7.2-4。

表 7.2-1　闸站运行调度模拟方案

方案	引水泵站	调度闸	调度规则	非调度闸开关情况	上游边界	下游边界
一	无	排涝一闸（丰产河）、新段港闸（新段港）、包家港闸（包家港）	不调度（常开）闸上水位小于 2.0 m，关闸	见表 7.2-2	水位 2.4 m	长江枯水期潮位过程（高潮位 2.2 m，低潮位 0.4 m）
二						

方案	引水泵站	调度闸	调度规则	非调度闸开关情况	上游边界	下游边界
三	飞鸿闸引水 2 m³/s	排涝一闸（丰产河）、新段港闸（新段港）	不调度（常开）	见表 7.2-3	水位 2.4 m	长江枯水期潮位过程（高潮位 2.2 m，低潮位 0.4 m）
四			闸上水位小于 2.0 m，关闸			
五	芦坝港闸引水 4 m³/s	新段港闸（新段港）	闸上水位小于 2.0 m，关闸	见表 7.2-4		

表 7.2-2　方案一、方案二闸门调度及开闭情况

序号	闸门名称	闸门 ID	河道名	里程/m	闸门运行原则
1	长沟闸	CGZ	团结河	724	关
2	张邱闸	ZQZ	团结河	2 650	关
3	团结闸	TJZ	团结河	4 557	关
4	刘元东闸	LYDZ	通江河	1 173	关
5	刘元西闸	LYXZ	通江河	1 426	关
6	诸港闸	ZGZ	通江河	3 482	关
7	排涝二闸	PLEZ	通江河	4 997	关
8	杨元闸	YYZ	杨元河 2	786	关
9	过船闸	GCZ	如泰运河	3 727	关
10	飞鸿闸	FHZ	飞鸿中沟	100	开
11	繁荣闸	FRZ	红旗中沟 1	30	开
12	胜利一闸	SLYZ	胜利中沟 1	55	关（在建）
13	丰产一闸	FCYZ	丰产河	1 385	开
14	排涝一闸	PLYZ	丰产河	5 187	开（调度）
15	红旗一闸	HQYZ	红旗中沟 2	759	开
16	段港一闸	DGYZ	新段港	484	开
17	段港东闸	DGDZ	新段港	3 071	开
18	新段港闸	XDGZ	新段港	5 821	开（调度）
19	东方红闸	DFHZ	翻身中沟 1	30	开
20	胜利二闸	SLEZ	胜利中沟 3	25	开

序号	闸门名称	闸门 ID	河道名	里程/m	闸门运行原则
21	老段港闸	LDGZ	老段港	75	关
22	东风闸	DFZ	洋思港	323	开
23	洋思港闸	YSGZ	洋思港	5 400	关（在建）
24	红旗二闸	HQEZ	红旗中沟3	30	开
25	三友闸	SYZ	翻身中沟2	30	开
26	滨江闸	BJZ	滨江中沟	732	开
27	胜利三闸	SLSZ	胜利中沟4	745	开
28	胜利四闸	SLSIZ	胜利中沟5	10	开
29	胜利五闸	SLWZ	胜利中沟5	758	关（在建）
30	芦坝港闸	LBGZ	芦坝港	2 206	关（在建）
31	三联中沟东闸	SLDZ	三联中沟	20	开
32	包家港闸	BJGZ	包家港	4 594	开（调度）
33	天星港闸	TXGZ	天星港	4 574	关
34	永宁闸	YNZ	永宁中沟	1 053	开
35	翻身闸	FSZ	翻身中沟3	785	开
36	星火闸	XHZ	胜利中沟7	782	开
37	下横一闸	XHYZ	下横港1	30	关
38	下横二闸	XHEZ	下横港2	3 723	关

表 7.2-3 方案三、方案四闸门调度及开闭情况

序号	闸门名称	闸门 ID	河道名	里程/m	闸门运行原则
1	长沟闸	CGZ	团结河	724	关
2	张邱闸	ZQZ	团结河	2 650	关
3	团结闸	TJZ	团结河	4 557	关
4	刘元东闸	LYDZ	通江河	1 173	关
5	刘元西闸	LYXZ	通江河	1 426	关
6	诸港闸	ZGZ	通江河	3 482	关
7	排涝二闸	PLEZ	通江河	4 997	关
8	杨元闸	YYZ	杨元河2	786	关
9	过船闸	GCZ	如泰运河	3 727	关

序号	闸门名称	闸门 ID	河道名	里程/m	闸门运行原则
10	飞鸿闸	FHZ	飞鸿中沟	100	关
11	繁荣闸	FRZ	红旗中沟 1	30	关
12	胜利一闸	SLYZ	胜利中沟 1	55	关（在建）
13	丰产一闸	FCYZ	丰产河	1 385	开
14	排涝一闸	PLYZ	丰产河	5 187	开（调度）
15	红旗一闸	HQYZ	红旗中沟 2	759	开
16	段港一闸	DGYZ	新段港	484	开
17	段港东闸	DGDZ	新段港	3 071	开
18	新段港闸	XDGZ	新段港	5 821	开（调度）
19	东方红闸	DFHZ	翻身中沟 1	30	关
20	胜利二闸	SLEZ	胜利中沟 3	25	关
21	老段港闸	LDGZ	老段港	75	关
22	东风闸	DFZ	洋思港	323	关
23	洋思港闸	YSGZ	洋思港	5 400	关（在建）
24	红旗二闸	HQEZ	红旗中沟 3	30	关
25	三友闸	SYZ	翻身中沟 2	30	关
26	滨江闸	BJZ	滨江中沟	732	关
27	胜利三闸	SLSZ	胜利中沟 4	745	关
28	胜利四闸	SLSIZ	胜利中沟 5	10	关
29	胜利五闸	SLWZ	胜利中沟 5	758	关（在建）
30	芦坝港闸	LBGZ	芦坝港	2 206	关（在建）
31	三联中沟东闸	SLDZ	三联中沟	20	关
32	包家港闸	BJGZ	包家港	4 594	关
33	天星港闸	TXGZ	天星港	4 574	关
34	永宁闸	YNZ	永宁中沟	1 053	关
35	翻身闸	FSZ	翻身中沟 3	785	关
36	星火闸	XHZ	胜利中沟 7	782	关
37	下横一闸	XHYZ	下横港 1	30	关
38	下横二闸	XHEZ	下横港 2	3 723	关

表7.2-4　方案五闸门调度及开闭情况

序号	闸门名称	闸门 ID	河道名	里程/m	闸门运行原则
1	长沟闸	CGZ	团结河	724	关
2	张邱闸	ZQZ	团结河	2 650	关
3	团结闸	TJZ	团结河	4 557	关
4	刘元东闸	LYDZ	通江河	1 173	关
5	刘元西闸	LYXZ	通江河	1 426	关
6	诸港闸	ZGZ	通江河	3 482	关
7	排涝二闸	PLEZ	通江河	4 997	关
8	杨元闸	YYZ	杨元河 2	786	关
9	过船闸	GCZ	如泰运河	3 727	关
10	飞鸿闸	FHZ	飞鸿中沟	100	关
11	繁荣闸	FRZ	红旗中沟 1	30	关
12	胜利一闸	SLYZ	胜利中沟 1	55	关（在建）
13	丰产一闸	FCYZ	丰产河	1 385	关
14	排涝一闸	PLYZ	丰产河	5 187	关
15	红旗一闸	HQYZ	红旗中沟 2	759	关
16	段港一闸	DGYZ	新段港	484	关
17	段港东闸	DGDZ	新段港	3 071	开
18	新段港闸	XDGZ	新段港	5 821	开（调度）
19	东方红闸	DFHZ	翻身中沟 1	30	开
20	胜利二闸	SLEZ	胜利中沟 3	25	关
21	老段港闸	LDGZ	老段港	75	关
22	东风闸	DFZ	洋思港	323	关
23	洋思港闸	YSGZ	洋思港	5 400	关（在建）
24	红旗二闸	HQEZ	红旗中沟 3	30	关
25	三友闸	SYZ	翻身中沟 2	30	关
26	滨江闸	BJZ	滨江中沟	732	开
27	胜利三闸	SLSZ	胜利中沟 4	745	关
28	胜利四闸	SLSIZ	胜利中沟 5	10	开
29	胜利五闸	SLWZ	胜利中沟 5	758	开

序号	闸门名称	闸门 ID	河道名	里程/m	闸门运行原则
30	芦坝港闸	LBGZ	芦坝港	2 206	关（引水）
31	三联中沟东闸	SLDZ	三联中沟	20	关
32	包家港闸	BJGZ	包家港	4 594	关
33	天星港闸	TXGZ	天星港	4 574	关
34	永宁闸	YNZ	永宁中沟	1 053	关
35	翻身闸	FSZ	翻身中沟 3	785	关
36	星火闸	XHZ	胜利中沟 7	782	关
37	下横一闸	XHYZ	下横港 1	30	关
38	下横二闸	XHEZ	下横港 2	3 723	关

（二）模拟结果

方案一沿江闸门开启状态各河道流量、流速，以及丰产河和新段港下游各点（闸上游）水位过程见图 7.2-1～图 7.2-4；方案二沿江闸门开启状态各河道流量、流速，以及丰产河和新段港下游各点（闸上游）水位过程见图 7.2-5～图 7.2-8；方案三沿江闸门开启状态各河道流量、流速，以及丰产河和新段港下游各点（闸上游）水位过程见图 7.2-9～图 7.2-12；方案四沿江闸门开启状态各河道流量、流速，以及丰产河和新段港下游各点（闸上游）水位过程见图 7.2-13～图 7.2-16；方案五新段港闸调度情况下某时刻河网流速分布，新段港（桩号 3495）、友联中沟（桩号 1476）、滨江中沟（桩号 732）、芦坝港（桩号 1208）流速过程，芦坝港（桩号 2196）和新段港闸上（桩号 5811）水位过程见图 7.2-17～图 7.2-23。

由方案一计算结果可知，沿江闸门不调度（全开）的情况，河网水动力受下游长江潮汐的影响较大，长江低水位时，沿江河道下游水位普遍在 1.5 m 以下，且流速较大，对河道安全和供水造成不利影响。由此，方案二在方案一的基础上，对沿江闸门进行调度，利用闸上下游的水位差打开闸门泄水，闸上水位低于 2.0 m 时，闸门关闭，这样可以使河网水位保持在下限水位以上的同时，骨干河道流速仍维持在 0.2～0.5 m/s 水平。

方案三和方案四，增加了飞鸿泵站引水，同时改变了部分常开和常关闸门的状态。与方案一、方案二相比，飞鸿泵站引水并没有显著增强河网水动力。分析飞鸿中沟的流量数据可见，方案一、方案二飞鸿中沟流量分别为 2.0～2.7 m³/s、2.0～2.3 m³/s，大于方案三、方案四飞鸿中沟的泵引流量 2.0 m³/s。

另外，基于方案二，将下游高潮位由 2.2 m 增加至 2.4 m，而飞鸿中沟流量为 1.5～2.3 m³/s，较方案二的流量小。由此可知，内河水位高于长江高潮位 20 cm 以上时，通过沿江闸门的调度，飞鸿闸自引流量可达 2.0 m³/s。

方案五：芦坝港引水流量 4.0 m³/s，新段港闸需要调度，调度原则为闸上水位小于 2.0 m 时关闸。在此工况下，新段港流速（图 7.2-18）0.1～0.25 m/s，友联中沟流速（图 7.2-19）0.2～0.8 m/s，滨江中沟流速（图 7.2-20）0.3～1.0 m/s，芦坝港流速（图 7.2-21）0.3～0.8 m/s［出现往复流，究其原因是芦坝港上游是盲肠河段，水位波动较大（图 7.2-22），流速出现正负值］。

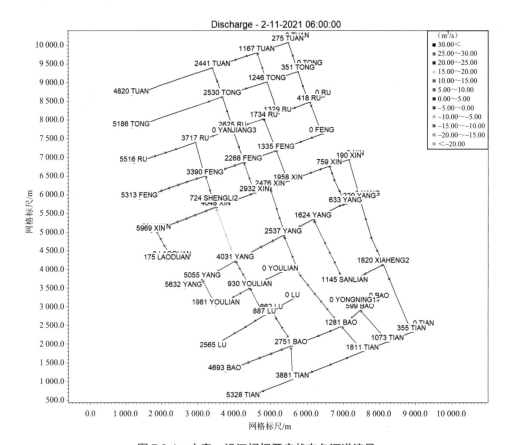

图 7.2-1　方案一沿江闸门开启状态各河道流量

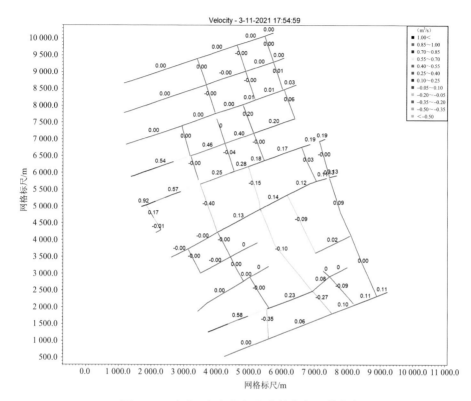

图 7.2-2 方案一沿江闸门开启状态各河道流速

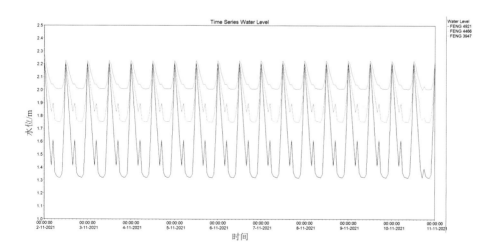

图 7.2-3 方案一丰产河下游各点（闸上游）水位过程

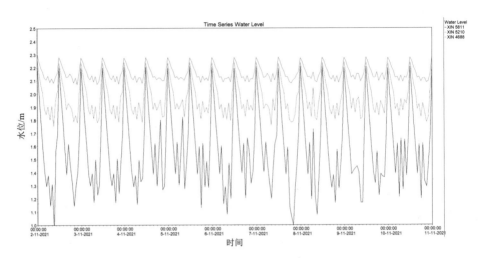

图 7.2-4 方案一新段港下游各点（闸上游）水位过程

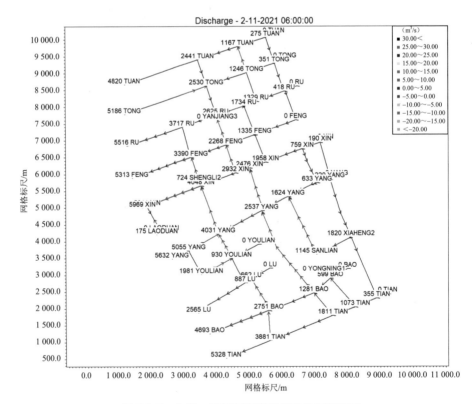

图 7.2-5 方案二沿江闸门开启状态各河道流量

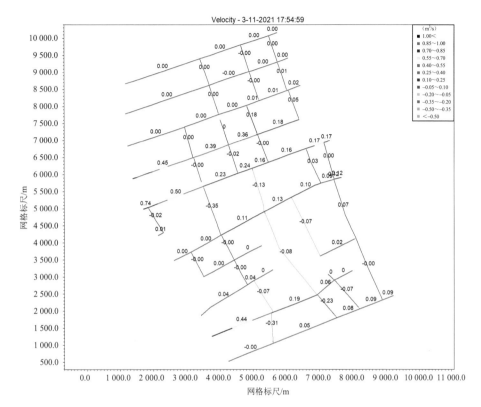

图 7.2-6 方案二沿江闸门开启状态各河道流速

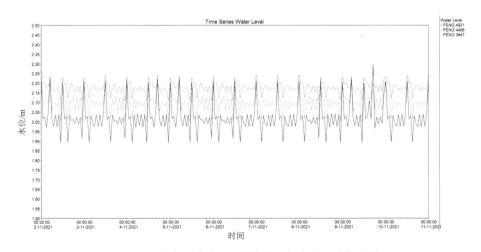

图 7.2-7 方案二丰产河下游各点（闸上游）水位过程

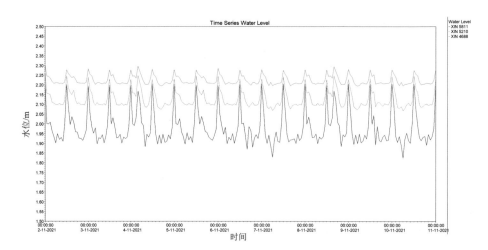

图 7.2-8　方案二新段港下游各点（闸上游）水位过程

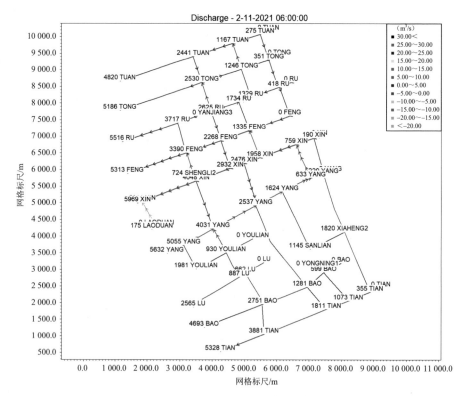

图 7.2-9　方案三沿江闸门开启状态各河道流量

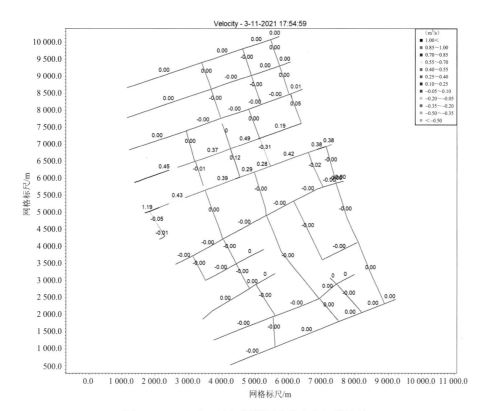

图 7.2-10　方案三沿江闸门开启状态各河道流速

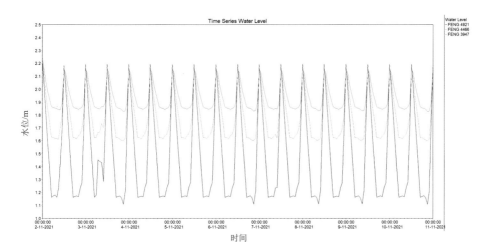

图 7.2-11　方案三丰产河下游各点（闸上游）水位过程

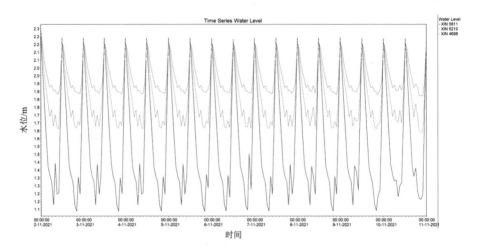

图 7.2-12　方案三新段港下游各点（闸上游）水位过程

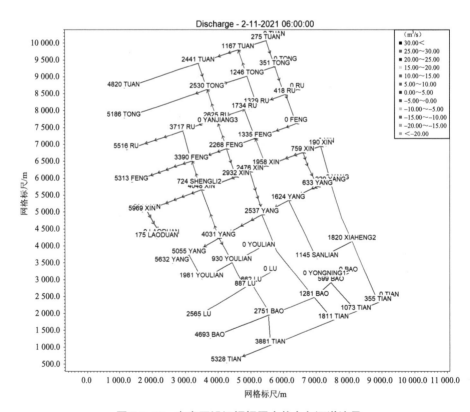

图 7.2-13　方案四沿江闸门开启状态各河道流量

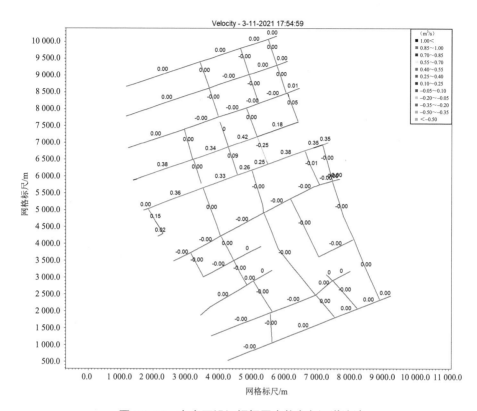

图 7.2-14　方案四沿江闸门开启状态各河道流速

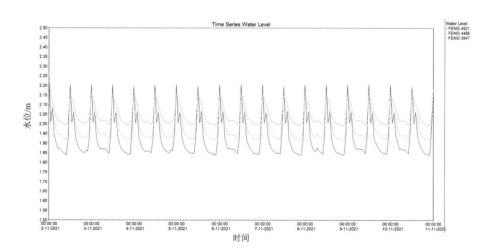

图 7.2-15　方案四丰产河下游各点（闸上游）水位过程

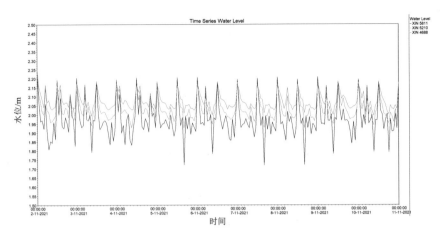

图 7.2-16　方案四新段港下游各点（闸上游）水位过程

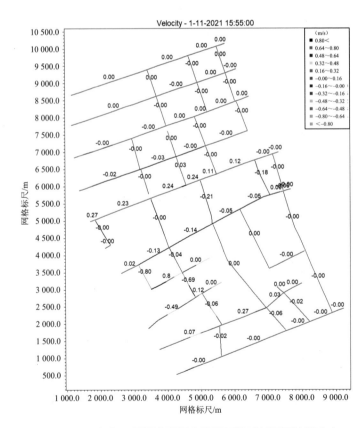

图 7.2-17　方案五新段港闸调度情况下某时刻河网流速分布

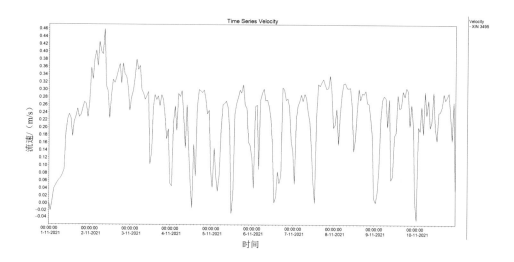

图 7.2-18　方案五新段港（桩号 3495）流速过程

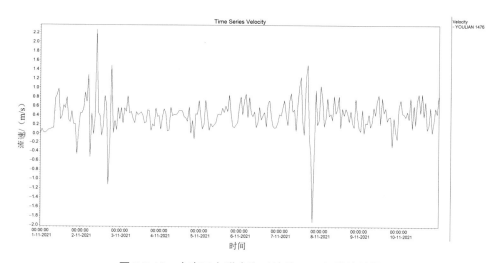

图 7.2-19　方案五友联中沟（桩号 1476）流速过程

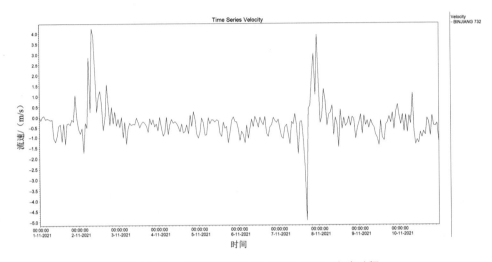

图 7.2-20　方案五滨江中沟（桩号 732）流速过程

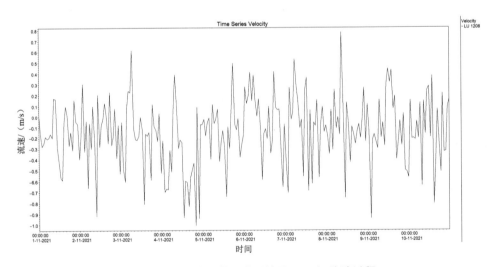

图 7.2-21　方案五芦坝港（桩号 1208）流速过程

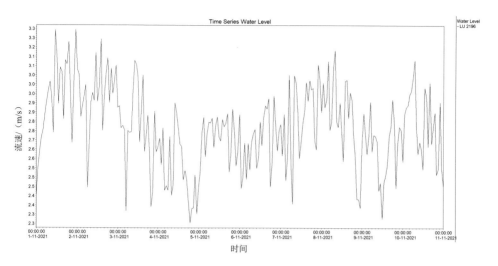

图 7.2-22 方案五芦坝港（桩号 2196）水位过程

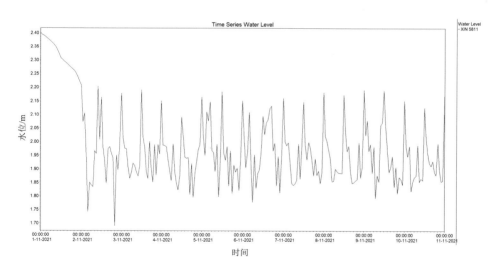

图 7.2-23 方案五新段港闸上（桩号 5811）水位过程

三、小结与建议

（一）小结

基于现状河网水系以及长江枯水期潮位特征，泰兴经济开发区活水工程的闸门运行调度原则为利用内河和长江的水位差，在保障内河水位不低于最低限值的情况下，开闸泄水，增加内河水动力。

根据一维河网水动力模型计算结果，建议丰产河、新段港、包家港沿江闸门采用如下规则运行：闸上水位（内河水位）高于闸下水位（长江水位），且闸上水位高于 2.2 m 时，开闸泄水；随着泄水的进行，闸上水位低于 2.0 m 或者闸下水位高于闸上水位时，关闸；闸上水位再次升高至 2.2 m，且闸上水位高于闸下水位时，开闸泄水。

当沿江闸门按照上述原则调度时，内河河道的水位和流速受长江水位及闸门调度的影响会发生波动。飞鸿泵站不引水时，主要河道的沿程最大流速如下：丰产河 0.18～0.45 m/s、新段港 0.16～0.50 m/s、胜利中沟 0.35 m/s、红旗中沟 0.18 m/s、翻身中沟 0.13 m/s。飞鸿闸关闭且飞鸿泵站引水流量 2 m³/s 时，河网水动力没有显著增强。通过多组工况试算可知，当内河水位高于长江高潮位 20 cm 以上时，飞鸿闸自引流量可达 2.0 m³/s。

（二）建议

本工程数学模型是基于泰兴经济开发区现状河网水系及闸站工程建立的，目前区域内仍有部分河道和闸站改扩建工程尚未完成，建议工程完工后对模型进行调整，为闸站的长期调度运行提供技术支撑。

数学模型计算范围内，仅有过船闸水文站采用的上下游水位边界条件借鉴了往年枯水期过船闸的水位流量数据，而闸站实时调度依赖于区域内即时的水文过程，建议区内主要闸站、河道增加日常水位、流量数据的积累，利于制定更加精准的调度规则。

后　记

　　泰兴经济开发区牢固树立"创新、协调、绿色、开放、共享"五大发展理念，以创建国家级经济技术开发区为统领，以加快完善现代产业体系为重点，做好创新转型、绿色发展和能级提升文章，在确保创建成为国家级新型工业化示范园区、国家智慧园区和国家级经济技术开发区的进程中，以《中共中央　国务院关于加快推进生态文明建设的意见》文件精神为指引，加快建设国家循环经济示范园区，努力创建成国家级生态文明示范园区。

　　根据省、市、区各级相关规划，泰兴经济开发区围绕长江大保护和水生态文明建设，紧扣生态环境部"十四五""十二字"治水目标，开展了包括河道生态修复、入河排污口整改、污水处理厂尾水生态净化、人工湿地和河道整治闸站调度等一系列工程与实践，从水资源、水环境和水生态等多方面协同推进，"三水融合"、统筹治理。园区通过对污水处理厂尾水的提标排放和对各类入河排污口的整改，实现了源头治理和达标排放。进而通过闸站科学调度，保障河道的生态流量和"流水不腐"。通过对河道的生态修复，提升河道的自净能力，构建"有鱼有草"的健康水生态系统。

　　泰兴经济开发区水生态文明建设诸项工程的实施，将从根本上改变该地区的基础设施条件，环境效应凸显，全面优化招商引资环境。这是贯彻科学发展观的具体体现，是要强调可持续发展，要正确处理人口、资源、环境之间的关系，做到三者和谐统一、协调发展，既满足当代人发展的需要，又不危及后代人发展的需要；这是关系到子孙后代生存与发展的战略举措，势在必行，是贯彻落实科学发展观，构建社会主义和谐社会的需要。